Callwey

Uwe Geißler

Porzellan bemalen Moderne Blumendekore

Vorlagen, Techniken, Beispiele

CALLWEY

DANK
Ein besonderes Dankeschön geht an meinen Schweizer Kollegen Peter Faust, Altendorf/Schweiz, der mir die Möglichkeit gab, viele seiner phantastischen Arbeiten zu zeigen und damit dieses Buch nachhaltig zu beleben.

BILDNACHWEIS
Alle Fotos der Arbeiten von Uwe Geißler kommen aus dem Fotostudio Beer, Rösrath. Die Dias der Bilder von Peter Faust, Altendorf/Schweiz, (Abb. 7, 8, 9, 10, 89–105) stammen vom Künstler selbst.

Abbildung auf Seite 2 und Umschlagrückseite
32er Platzteller, mit Scharffeuerfarben gemalt. Das Inglasurmotiv kann auch noch mit Aufglasurfarben erweitert werden, indem man mit Aufsatzweiß Akzente in die Seerosen setzt. Entwurf: Uwe Geißler

Die Deutsche Bibliothek – CIP-Einheitsaufnahme
Geissler, Uwe:
Porzellan bemalen – Moderne Blumendekore: Vorlagen, Techniken, Beispiele/Uwe Geissler. – München: Callwey, 1995
(Callwey creativ)
ISBN 3-7667-1154-7
NE: HST

Schutzumschlaggestaltung Uwe Geißler, Rösrath
Satz Edith Mocker, Eichenau
Lithos Karl Findl & Partners GmbH & Co. KG, Icking
Druck und Bindung Auer, Donauwörth
Printed in Germany 1995
ISBN 3-7667-1154-7

INHALT

VORWORT

Dieses Buch hat die moderne Blumenmalerei zum Thema. Es soll allerdings nicht der Eindruck entstehen, als wollte ich darin nur die modern gestylten Designerdekore der letzten zehn Jahre behandeln. Als modernere Blumenmalereien kann man durchaus schon die zauberhaften Blütenarrangements der Jugendstilmaler ansehen. »Moderne Blumenmalerei« meine ich also mehr im Sinne von »einmal Abrücken« von den klassischen Barockdekoren, die man üblicherweise mit dem Wort »Handgemalt« verbindet.

Die Lust auf diesen Malstil kommt früher oder später jedem Porzellanmaler, wenn er – ob beruflich bedingt oder als Hobbymaler – von den typischen Manufakturdekoren abweichen möchte. Oft ist es auch der Punkt, wo Maler die handwerkliche »Grundausbildung« hinter sich haben und endlich den Schritt zur eigenen Handschrift tun wollen. Also eine bewußte Trennung von den manufakturbedingten Mustern und Vorlagen. Und was spricht denn auch dagegen, sich einen gänzlich eigenen Weg zu suchen mit einer Malweise, die unverwechselbar ist? Ich glaube, es gibt kaum ein schöneres Gefühl für einen Porzellanmaler; wenn er an seiner ganz persönlichen Malweise erkannt wird und man nicht mehr pauschal sagen kann, das sei typisch Manufaktur XYZ.

Der Weg dahin ist aber nicht leicht, und einige Maler glauben immer noch, man könne gleich von Beginn an, ohne handwerkliche Grundtechniken zu beherrschen, frech und frei drauflos pinseln und bekäme so den unverwechselbaren Strich. Den bekommt man fürwahr – aber im negativen Sinne. Die Motive lassen erkennen, daß die Blumen abgemalt, kopiert – also keinesfalls verstanden wurden und daher oberflächlich wirken. Oft bevorzugen diese Maler auch die aus Amerika übernommene Diffusionstechnik, die genau das ist, was der Name verspricht: diffus!

Man kann natürlich nach und nach in eine weiche Softtechnik »hinüberwandern«, sollte vorher jedoch genauestens im Detail geschult sein. Jede Stilisierung setzt genaue Kenntnis der Blume oder des Blattgrüns voraus. Ein fundiert ausgebildeter Maler kann ohne große Probleme ein duftig weiches Sträußchen erstellen; wenn der Diffusionsmaler hingegen eine klare, saubere Blumenstudie zeichnen soll, zeigt sich, wer von beiden vielseitig ist und wer Schwierigkeiten damit hat. Insofern kann dieser Band wohl auch nur dem fortgeschrittenen Hobbymaler empfohlen werden. Auf technische Grunderklärungen, wie Farbaufbereitung, Weißwarereinigung, Spachteln, Ölzucht usw. wird bewußt verzichtet. Vielmehr wollen wir gemeinsam die Vielfalt der Dekorationsmöglichkeiten mit moderneren Elementen entdecken und auch in der Malweise von anderen Techniken lernen (Airbrush).

Sie werden sehen, wie erfrischend neue Einflüsse für Ihre Freizeitmalereien sind und mit wieviel mehr Freude Sie ans Werk gehen, wenn nun auf einmal vielseitige Varianten zur bisherigen Maltechnik erprobt werden. Vielleicht gelingt es Ihnen ja nach dem Studium dieses Buches, eine völlig eigene Malweise zu kreieren und sich von einer festen Manufakturmanier zu lösen.

1 Eigene Naturstudien – wie hier die einer Orchidee – sind wirklich unbezahlbar und natürlich die beste Art, sich daraufhin an eigene, moderne Dekore heranzuwagen.

Es gibt eine ganze Reihe namhafter Porzellankünstler, die nach der »klassischen« Ausbildung das Porzellan als Malgrund ganz neu entdeckt haben. Einige sind sogar dazu übergegangen, den Scherben in seiner typischen Form als Geschirr zurückzustellen und der Plattenmalerei den Vorrang zu geben. Das hat beim Erlernen der neuen Techniken vor allem den Vorteil, daß Sie nicht durch bestimmte Geschirrformen in der Malerei festgelegt werden, also nur dekorieren müssen.

Besser ist da schon der glatte, unverschnörkelte Porzellangrund einer Bildplatte oder eines großen Wandtellers. Deshalb werde ich im Buch auch keine bestimmten Formen oder Gegenstände vorgeben, sondern immer nur auf die entsprechende Malweise eingehen. Selbstverständlich können aber auch alle Entwürfe später auf jede Serviceform übertragen werden.

2 *Der Autor Uwe Geißler. Im Hintergrund Skizzen von stilisierten Blüten auf Papier und Karton.*

Was die Malthemen angeht, werde ich in der Hauptsache die Blumenmalerei behandeln. Es gibt eine Unmenge von Möglichkeiten, die Vielfalt der Blüten und Blätterformen wiederzugeben. Sicher kann auch die eine oder andere Maltechnik aufs Porzellan übernommen werden. Vor allem das Aquarell werden wir in vielen Motiven wiederfinden. Plakativ satt gelegte Farben sind ein Kennzeichen der Airbrushmalereien. Tummeln Sie sich nach Herzenslust auf dieser großen Spielwiese der Porzellanveredlung, um mit Geschick, Talent und entsprechendem Fleiß immer neue Dekore zu entwickeln.

Im Bildteil im hinteren Buchabschnitt konnte ich einige der schönsten Arbeiten meines Schweizer Kollegen Peter Faust aufnehmen. Er hat die vollständige Loslösung von sämtlichen Manufakturstilen geschafft und malt nur noch »aus dem Bauch«. Ich habe bewußt nur Motive gewählt, die auch Blumen enthalten, um dem Titel dieses Buches gerecht zu werden. Sie können auf diesen Seiten in idealer Weise sehen, wie man sehr wohl traumhaft schöne Blumen kreiert und gleichzeitig den Schritt zum eigenen Stil hin tut. Ich hoffe nun, daß Sie Lust bekommen haben und im nächsten Seminar Ihrer Malgruppe einmal an neue, modern gestaltete Dekore herangehen. Das Buch vor Ihnen kann sicher die eine oder andere Anregung und Sie auf neue Ideen bringen.

DIE ARBEITSMITTEL

Für die in diesem Buch behandelten Maltechniken brauchen wir ein paar zusätzliche Malutensilien, auf die ich in meinen bisherigen fünf Publikationen noch nicht eingegangen bin. Im wesentlichen hängt das mit der hier erstmals ausführlicher vorgestellten Airbrushtechnik (Seite 56) zusammen. Auf der Abbildung 3 sehen Sie die notwendige Grundausstattung für die verschiedenen modernen Blumenmalereien. Das sind in der Reihenfolge:

1 Die Spritzpistole, mit der die feinen Farbnuancen und weichen Übergänge gesprüht werden. Dazu gehört natürlich noch der nicht abgebildete Kompressor mit dem Luftschlauch.

2 Die Airbrushfarben für Papierentwürfe und die Airbrush-Abdeckfolie, die es in solchen Rollen zu kaufen gibt. Achten Sie darauf, daß die Folie weich und anschmiegsam ist, um am glatten Porzellan gut zu haften.

3 Die Malöle in verschiedenen Konsistenzen. Wir brauchen Terpentin dünn und dick sowie Glyzerin, Nelkenöl und Goldverdünnung. Weiter werden Lüsterverdünner, Spiritus und Abdecklack gebraucht.

4 Die Glasläufer, mit denen wir die Farbpulver nach dem Aufreiben mit der Spachtel noch zusätzlich samtig vermahlen. Der Farbbrei wird in kreisförmigen Bewegungen auf einer Glasplatte gerührt und durch Ölzugaben bis zur gewünschten Cremigkeit variiert.

5 Das sind unsere Porzellanmalfarben in Pulverform, wie wir sie schon aus den anderen Themenkomplexen der Porzellanmalerei kennen. Hinzu kommen bei den modernen Dekoren noch einige Inglasurfarben, Absprengpulver und Relieftöne. Achten Sie beim Kauf auf puderfeine Pulver, damit sie sich auch durch die Pistolendüse sprühen lassen und diese nicht gleich verstopfen.

6 Gold- und Lüsterfarben gibt es bereits in flüssiger Form zu kaufen. Es werden Glanzgold, Poliergold, Glanzplatin und eventuell auch Pudergold benötigt. Letzteres ist allerdings sehr teuer und muß nicht unbedingt Verwendung finden. Die Lüsterfarben sind in kleinen Glasfläschchen zu haben und sollten nicht zu lange beim Händler oder auch in Ihrem Regal gelagert werden, denn das beeinflußt ihre Qualität.

7 Fehhaarpinsel in mindestens drei Stärken und ebensoviele Stupfer sollten ausreichend sein. Wenn Sie ein besonders großes Stück (Wandbilder oder ähnliches) vorhaben, könnten noch ein bis zwei zusätzliche Größen nötig werden. Rechts daneben der bewährte All-Stabilo, der, gut angespitzt, schönste Linien zeichnet.

8 Die Stahlspachtel mit Holzgriff liegt am besten in der Hand. Wählen Sie den für Ihre Hand richtigen Härtegrad des Stahls, damit leicht gearbeitet werden kann und Sie nicht übermäßig Kraft brauchen.

9 Das Skalpell für das Zuschneiden der Airbrushfolie. Besorgen Sie sich am besten zwei Varianten und Größen.

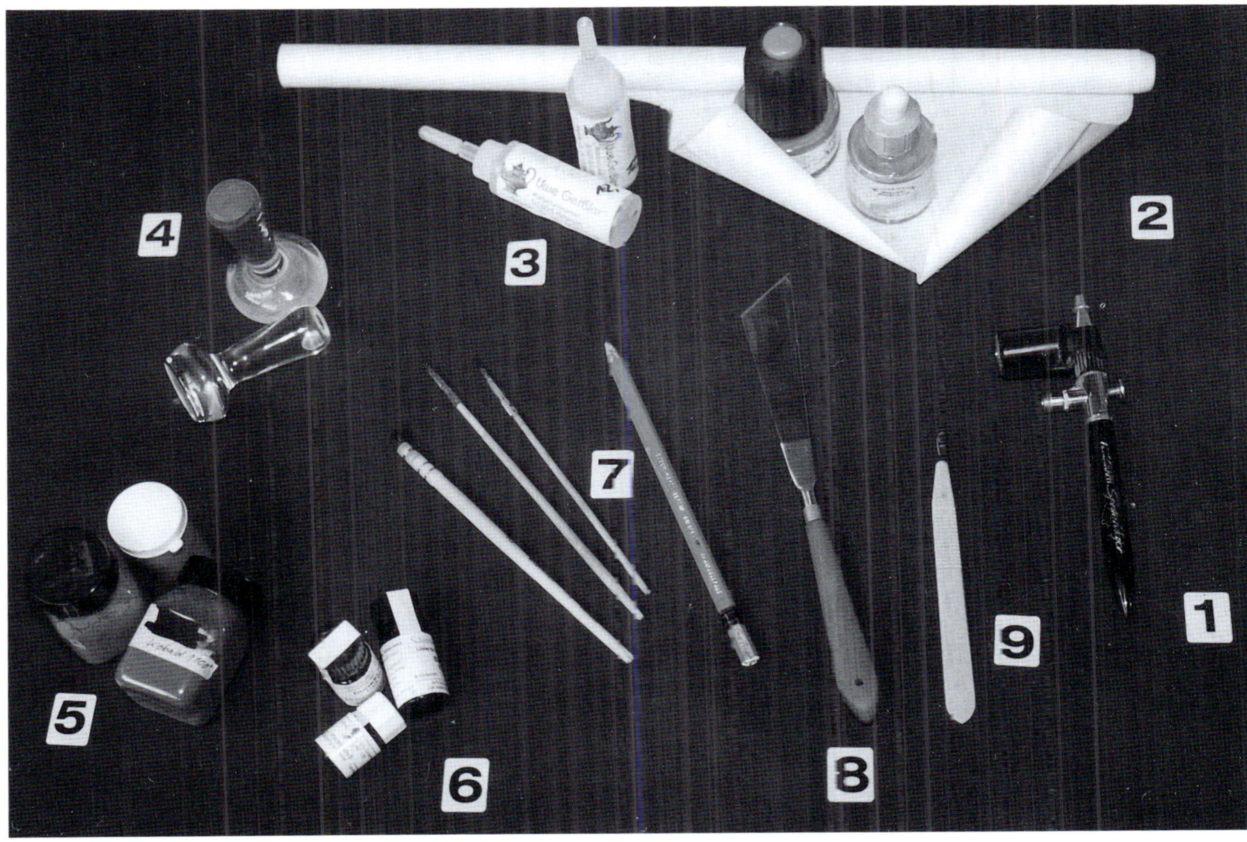

3 Die Arbeitsmittel – in der Reihenfolge der Beschreibung auf Seite 8:
1 Spritzpistole
2 Airbrushfarben
3 Malöle
4 Glasläufer zum Anreiben des Farbpulvers
5 Porzellanmalfarben in Pulverform
6 Gold- und Lüsterfarben
7 Fehhaarpinsel und Stupfer
8 Stahlspachtel und
9 Skalpell für Schneidearbeiten.

DAS STILISIEREN DER BLUMEN

Stilisieren – das bedeutet auch für den Bereich der Porzellanmalerei stilvoll gestalten, künstlerisch abwandeln. Damit ist eigentlich schon alles gesagt, was mit einer naturalistisch abgebildeten Blume geschehen muß, damit sie Porzellan zieren kann. Viele Blumen sind nämlich für die Dekoration dreidimensionaler Geschirre ganz und gar nicht geeignet. Da begegnen uns steife Stiele, langweilige Konturen und auch diffuse Blattformen.

Um all die Vielfalt der Flora einzufangen und wiederzugeben, muß hier und da schon mal gebogen und korrigiert werden. »Idealisiert«, sagen die Meißner Maler auch dazu. Besonders schwierig wird es für den Porzellanmaler dadurch, daß er immer die jeweilige Scherbenform beachten muß. Eine schön gewachsene Schwertlilie paßt somit noch längst nicht auf eine Kaffeekanne. So muß also auch bei den Größen von Blüten und Blattgrün geändert werden. Und auch die Grundbewegung wird meist vom kerzengeraden Stengel in den weichen S-Schwung gebracht.

Während nun in der Maniermalerei die Blumensorten in ihren wesentlichen Merkmalen erkennbar bleiben, müssen wir für die modernere Dekoration auch noch verfremden. Das heißt, daß Blüten nicht nur in Bewegung und Form abgewandelt werden, sondern auch farblich völlig neu aussehen können. In grafisch-plakativer Art können Blüten durchaus in Farben erscheinen, die sie in der Natur nie haben. Blaue Rosen, gelbe Veilchen oder auch schwarze Bandwinden sind genauso denk- und malbar wie weiße Vergißmeinnicht oder rote Narzissen. Wenn der Dekorationsauftrag geschmacklich gut erfüllt wird, sind derlei Phantasien durchaus erlaubt. Auch die Grenze zur Phantasieblume darf gestreift werden. Doch wirklich nur gestreift!!! Denn absolut erfundene Blumen sind abstrakt und gehören zu den Phantasiedekoren.

Bei moderner Blumenmalerei hingegen sollten der Typ erkennbar und die Grundcharakteristik einer Blüte gewahrt bleiben. Also zum Beispiel Winde – trichterförmig!, Tulpe – eiförmig usw. Wenn Sie die Formen dann innerhalb der Blüte ein wenig abwandeln, ist das in Ordnung, aber die Blumensorte sollte schon noch zu erkennen sein.

Die phantastische Steigerung kann ziemlich unbegrenzt erfolgen. Eine sehr »zerrissen« ausschauende Papageientulpe kann durchaus von uns noch interessanter aufgegliedert werden, so daß die Nähe zur Federnelke durchaus erreicht wird.

4 Hier wurde bewußt ein Negativbeispiel ausgewählt, um zu zeigen, was Stilisieren nicht *ist: Wenn die Blumen so lieblos wie ein Schattenbild umrissen werden und wenn man mit den Farben derart grell und kalt umgeht, wird kaum mehr als einfache Bauernmalerei dabei herauskommen: Die kann einen technisch versierten Maler niemals zufriedenstellen!*

5 Bei modern gestalteten Dekoren kann die Grenze zur Phantasieblume ruhig fließend sein. Bei diesem Orchideenbeispiel etwa wurden die Grünblätter und die gelben Blümchen frei entworfen.

Wie stilisiert man nun eine Blume? Ich meine, es ist am besten, wenn ich das an einem konkreten Beispiel einmal zeige. Wir wollen uns dafür die Schwertlilie auswählen. In drei Stufen können Sie erkennen, wie die naturalistische Blume sich nach und nach in eine stilisierte Dekorblüte verwandelt. Es werden immer mehr Details weggelassen, bis nur noch die wesentlichsten Merkmale übrigbleiben.

Abb. 6 a Hier sehen wir die Blume noch in ihrer natürlichen Erscheinung. Kein Teil im Bild ist zufällig oder zum Zweck der schönen Porzellandekoration verfremdet. Auch farblich sind alle Nuancen aus der Natur übernommen – bis hin zum noch so feinen Zwischenton.
Bei einer solch naturalistischen Darstellung werden auch unschöne Eigenarten der Blume mit gezeigt. Faltige, trockene Blätter sind nicht künstlich geglättet, angeknabberte Blattränder werden nicht »geflickt«. Steife Bewegungen der Stiele und des Blattgrüns haben noch nicht den korrigierten S-Schwung, und auch die Zusammenstellung erfolgt gerade so, wie die Blumen uns beim Studium vor die Nase kommen.

Abb. 6 b Dieselbe Sorte – nur diesmal dekorativ zurechtgerückt. Alle Aufmerksamkeit richtet sich auf den Dekorationszweck der Blumen. Die Schwünge der Stiele, Blätter, ja aller Linien im Bild, sind weich und geben so dem Dekor Bewegung und Eleganz.
Sämtliche »Makel« wie Knitter, Risse oder trockene Blattränder sind außer acht gelassen. Farblich ist man durch die Richtlinien der Maniermalerei ziemlich festgelegt und kann nicht viel variieren. Es gibt meist nur die Anlagefarbe und den Ausarbeitungston. Brillante Zwischentöne sind kaum zu finden, die Malerei wirkt sehr diszipliniert und klar. Strukturen und Rippen sowie andere Linien im Bild werden im Vergleich mit der naturalistischen Studie schwungvoll reduziert und laufen

a

b

c

6 Eine Schwertlilie in Abwandlungen: Die botanisch genaue Wiedergabe (Abb. 6 a) wird zugunsten der eleganten Wirkung verfremdet (Abb. 6 b) und immer mehr vereinfacht (Abb. 6 c).

nirgendwo winklig oder kantig. Man könnte diese Blumenvariante als durchgestylt bezeichnen, perfekt dem jeweiligen Scherben angepaßt.

Abb. 6c Hier wird noch einmal bewußt reduziert. Es werden lediglich die wesentlichsten Grundmerkmale übernommen. Alles wird weicher und viel duftiger gemalt. Man vermeidet Kleinigkeiten und achtet mehr auf den Gesamtausdruck. In den Blumen selbst setzen wir in klaren Akzenten die Wachstumsstrukturen ein und konturieren flüchtig und zart.
Farblich kann man richtiggehend aquarellieren. Die Naß-in-Naß-Technik erlaubt breites Pinseldruckern und das Auswaschen mit Terpentin. Die Farben werden auch nicht so klar wie in Abb. 6b gesetzt, sondern fließen mehr ineinander.

Wenn Ihnen das Stilisieren insgesamt zu schwierig wird oder Sie merken, daß Ihnen die Blütenformen zu abstrakt geraten, lassen Sie sich von bereits stilisierten Motiven anregen. Wenn Sie sich die Blumen-Stilleben verschiedener Maler anschauen, werden Sie den unerschöpflichen Ideenschatz erkennen und nutzen. Denken Sie nur einmal an die Irisbilder von van Gogh. Man kann, ohne viel Grübelei, beliebige Stücke aus diesen Blütensujets herausnehmen und diese beim Teller sowohl als Fahnen- wie auch als Spiegelmotiv verwenden. Sogar die Malweise mit ihren vielen kräftigen Pinselstrichen können Sie übernehmen und erhalten bei entsprechender Übung sicher auch die Leuchtkraft dieser Gemälde. Legen Sie aber bitte die Farbe nicht so dick wie van Gogh, sonst übersteht Ihre Malerei den Brand nicht!
Die genannte Anregung gilt natürlich auch für viele andere Maler. Nutzen Sie die Kataloge von Ausstellungen, Museen oder selbst gemachte Fotos als Vorlage. Wenn Sie sich in die Materie vertieft haben, fällt Ihnen sicher in absehbarer Zeit der eigene Entwurf leichter. Dabei sollten Sie ruhig auch in anderen Bereichen auf Motivsuche gehen. Gerade modern stilisierte Blumen sind oft ein Thema in der Mode. Es gibt viele Stoffe, die in phantastischster Weise mit Blütenreigen versehen sind. Solches auf ein Porzellanteil umzusetzen, kann sehr reizvoll sein.

Beim farblichen Stilisieren haben Sie viel Spielraum. Sie können Blumen mit fast allen Farben geschmackvoll verfremden. Zarte Pastelltöne sind genauso möglich wie kräftig leuchtende Nuancen. Ideal ist natürlich eine gelungene Mischung aus beidem. Wenn in zart angelegte Pinktöne, die duftig blau eingerahmt sind, kräftig violette Blattstrukturen gesetzt werden, ergibt es eine wohltuende Wirkung und duftige Transparenz.

Anregungen für farbliche Zusammenstellung bieten auch viele tropische Urwaldpflanzen, die in unseren Botanischen Gärten zuhause sind. Unzählige Orchideenarten können in ihren feinen Äderungen und Zeichnungen der Blätter Ihre Phantasie in Gang setzen. Besorgen Sie sich Fachliteratur über diese Blüten und übernehmen Sie die interessantesten Strukturen in Ihre Malereien. Versuchen Sie, zur Farbempfindungsschulung, einmal Farben auszutauschen. Zeichnen Sie zwei beliebige Blumensorten fein mit dem Stabilo vor und malen Sie dann die eine Blume im Farbton der anderen und umgekehrt. Sie werden erstaunt sein, wie toll die Wirkung ist, und es gibt Ihnen Mut, bei anderen Sujets ähnlich zu verfahren.
Auch aus der Fotografie können Sie farbtechnisch lernen. Eine ganze Reihe von Fotografen hat Blumen farblich verfremdet und phantastische Vorlagen geschaffen, ohne natürlich je an uns Porzelliner gedacht zu haben.

7 Diese Trichterwinde, gestaltet vom Schweizer Maler Peter Faust, zeigt sich in außergewöhnlicher, regenbogenartiger Farbenpracht. Die dahinterliegende zweite Blüte tritt dagegen in ihrer dezenten, aber eleganten Farbgebung ganz zurück. Eine so klare, flächige Farbwirkung macht sich besonders bei der Entwicklung von (auch mehrteiligen) Fliesenmustern gut; die Wirkung ist enorm (vergleiche auch Abb. 69–77).

8 Diese Komposition von Peter Faust mit einer prachtvollen Passionsblume ist bis zum äußersten abstrahiert und wird in ihrer Wirkung vom dahinterliegenden Schmetterling noch unterstützt. Der goldfarbene Fond schließlich gibt dem Ganzen eine besonders elegante Note.

9 Mit einem geschmackvoll angepaßten Rahmen wirkt jede Wandplatte doppelt schön. Nehmen Sie Farben, die im Bildmotiv wesentlich sind, bei der Randdekoration wieder auf. Dekor von Peter Faust.

10 Wie die Illustration zu einem romantischen Gedicht mutet diese Malerei mit goldenen Rosen an. Der gemusterte Hintergrund setzt beim Ausführenden Geduld und Wille zur Fleißarbeit voraus. Dekor von Peter Faust.

DIE KOMPOSITION BEI MODERNEN BLUMENBUKETTS

Bei den Dekorationen, wie wir sie in diesem Buch antreffen, werden mitunter die klassischen Dekorationsregeln ziemlich schroff mißachtet. Die Pflicht, alles recht wohlgefällig zu sortieren und den Gegenstand immer ausgesprochen dekorativ zu bemalen, tritt bisweilen zugunsten der reinen Malerei zurück. Viele der fertigen Arbeiten beziehen gerade aus dieser unkonventionellen Dekoration ihren besonderen Reiz. Wenn es gelingt, zusätzlich zur oft betont bunten Blumenmalerei noch eine freche Komposition einzubringen, wird der Scherben fast automatisch modern wirken; vielleicht sogar zeitlos schön und nicht mehr zuordenbar. Allerdings können sehr wohl die uns aus der klassischen Porzellandekoration vertrauten Regeln mit einfließen und lediglich im Detail variieren: so zum Beispiel die Verwendung der drei Hauptgrößen Klein – Mittel – Groß oder auch farbliche Aspekte.
Am Anfang sollte aber auch hier eine möglichst klare Grundidee stehen. Also nicht sofort drauflos malen und »unterwegs« den Stil finden. Das geht zwar manchmal auch ganz gut, wird aber nur von sehr wenigen Experten beherrscht.
»Legen« Sie in Gedanken das fertig bemalte Stück auf den Tisch und stellen Sie sich möglichst auch die gewünschte Farbigkeit vor. Meist hat man ja so eine Grundidee, angeregt durch Literatur, Museumsbesuch . . . oder von einem anderen Maler. Danach ganz lose und großzügig aufzeichnen. Auf Seite 19 sehen Sie, wie man ein länglich gestrecktes Bukett an einen Tellerrand komponieren kann. Mit flotten Ellipsen und weichen Konturlinien wird Teil für Teil im Motivbild einsortiert und der Größe nach betrachtet. Große Formen (a) stehen im Blickpunkt und werden, genau wie bei der klassischen Manier, von mittleren (b) und kleinen (c) geschmackvoll umrandet. Bereits hier kann man mit Schattierlinien in der Zeichnung die Licht-Schatten-Wirkung testen und auch die Farben festlegen.

Welche Blumensorten in welcher Malart dann eingefügt werden sollen, steht Ihnen völlig frei. Beachten Sie auch hier: Nie mehr Grün als Blütenfarben zeigen! Das Verhältnis Blütenfarbe zu Blattgrün sollte auch dabei etwa 2 : 1 sein.

Eine ganz andere Komposition mit einer sehr jugendstilartigen Komponente können Sie auf Seite 21 betrachten. Hier habe ich einmal einige Anemonen in recht grafischer Manier in fiktiven Kreisbewegungen auf die Tellerfläche gelegt. Es wurde viel Luft zwischen Blüten und Grün gelassen, was dem Ganzen wohltuende Lebendigkeit gibt und jeden gedrängten Eindruck vermeidet. Sie können diesen Entwurf sehr gut mit der Pause abnehmen und mit dem Kopierer auf eine andere Größe bringen. Die Farben sind dann ganz Ihre Angelegenheit und können beliebig variiert werden. Vorher können Sie auch noch sämtliche Konturen mit einer einheitlichen Grundfarbe vorgeben und zwischenbrennen. Wenn Ihnen dieser Dekor Spaß gemacht hat, versuchen Sie die Blumensorte gegen eine andere auszutauschen. Behalten Sie die Komposition einfach bei und setzen Sie lediglich verschiedene Blumen ein. So erhalten Sie ein äußerst reizvolles Service.

Kompositorisch sollten Sie sich auf keinen Fall durch die Form des Scherbens beeinflussen lassen. Oft plazieren wir ja die Blumen recht artifiziell auf die Vase, den Teller oder in der Tasse. Bei modernen Unikatmalereien hingegen ist erlaubt, was gefällt! Wenn es gut aussieht, kann die Tulpe auf der Kanne ruhig mit dem Kopf nach unten hängen oder die Veilchen leisten dem Zucker in der Dose Gesellschaft, statt sich brav um den Deckel zu ranken. Sie müssen solche neuen Dekorvarianten testen! Auch Ihr Auge ist an typische Malereien gewöhnt und kann sich viele Sachen einfach nicht so recht vorstellen. Deshalb ist der zeichnerische Versuch so wichtig. Man muß

11 Genau wie bei den traditionellen Maniermalereien sind auch bei den modernen Dekoren große (a), mittlere (b) und kleine (c) Formen harmonisch miteinander zu kombinieren.

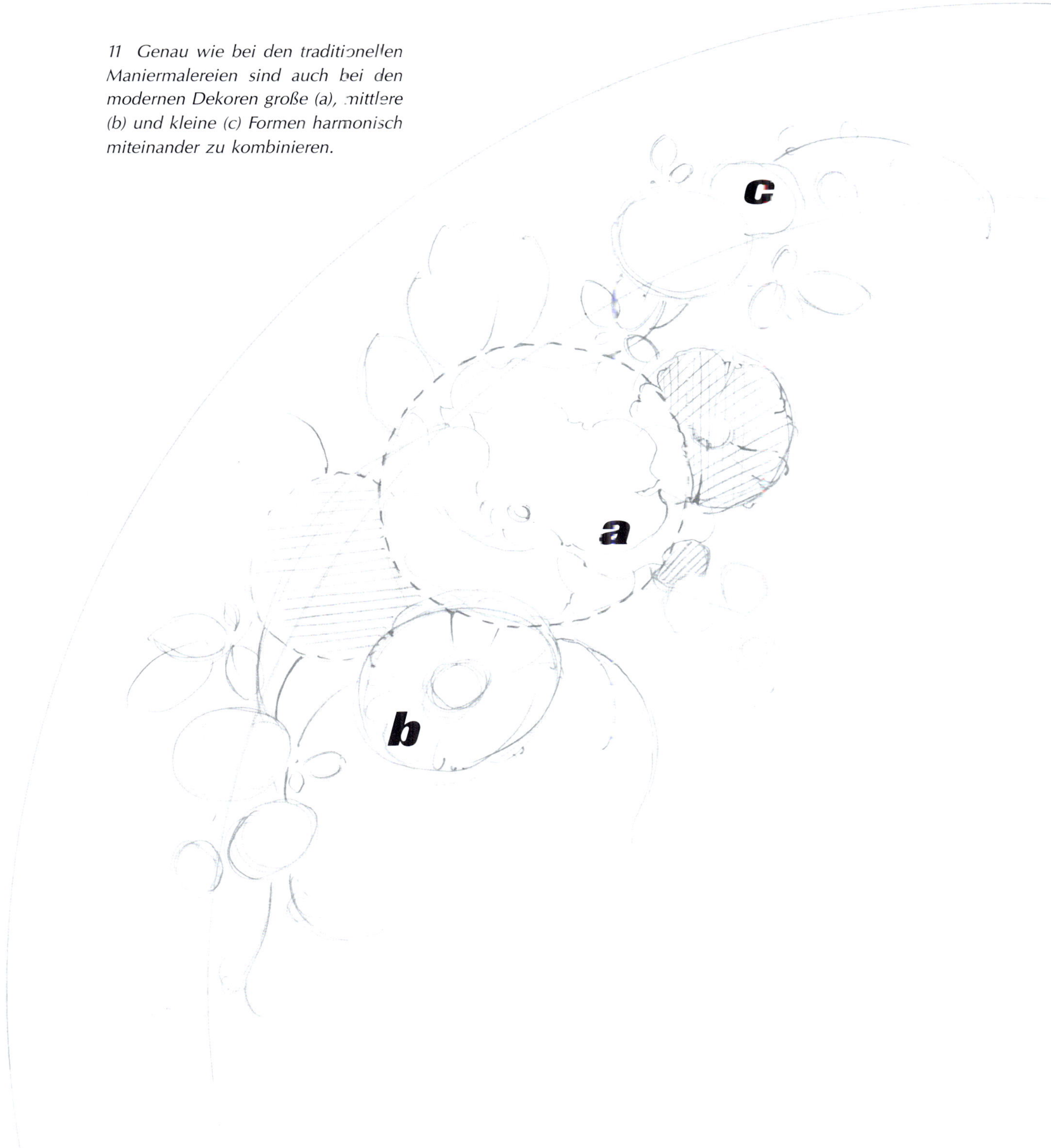

manchen Dekor richtiggehend ausreizen, um zu sehen, wie er am besten wird. Auch bei den Blumensorten sollte man spielen. Viele Arten sind nicht in der Porzellanmalerei üblich, wirken aber um so zauberhafter auf Porzellan. Denken wir nur an die Vielzahl der traumhaft schönen Orchideen. Halten Sie ruhig den Übergang zu Phantasieblumen fließend, um bezaubernde Buketts zu bekommen. Mixen Sie Seerosen mit Gartenblumen und Phantasierosen mit Flieder! Alles ist möglich, wenn es gut aussieht.

Auf Seite 26 sehen Sie einen Pinseldrucker-Entwurf, mit dem man eine erste Annäherung an die Licht- und Schattengestaltung unternimmt. Solche einfarbigen Studien sind Gold wert, da sie unser Hell-Dunkel-Empfinden schulen und wir lernen, wie man mit dunklen Farblagen Tiefe ins Motiv bringt. Die Vorzeichnung wurde dabei nur sehr spärlich gehalten; in die Kreise und Ovale legt man mit großzügigen Pinseldruckern die lockeren Blumen. Solcherart gemalte Studienblätter geben Ihnen für die spätere Malerei auf Porzellan eine fundierte Grundlage und machen Sie fit fürs Komponieren im Kopf! Merke: Die tiefsten Stellen im Bukett werden zuletzt gestaltet! Legen Sie alle Details zunächst zart und hell an, locker wie ein Hauch, um sie nach und nach zu steigern (Schatten) oder hell stehenzulassen (Licht). Bevorzugte Farben für diese einfarbigen Studien sind übrigens Purpur, Blau und Sepia. Diese Töne erlauben ein sehr gutes »Spielen« mit Hell und Dunkel und sind ideale Lernfarben. Legen Sie übrigens bei diesen Malgängen noch nicht zuviel Wert auf die Genauigkeit der Formen. Feinheiten der Ausarbeitung sind ebenso unwichtig wie klare Konturen. Wir wollen hier lediglich Formen zueinander ordnen und die Lichter sortieren. Heben Sie sich diese Studienblätter gut auf. Sie sind zu jeder Zeit ein wertvolles Nachschlagewerk.

Der Narzissenteller auf Seite 23 ist nun noch ein Kompositionsbeispiel, bei dem die Blüten sehr klar und grafisch in den Rundelementen des Tellerspiegels stehen. Einige werden von den Kreisrändern verdeckt, so daß der Eindruck von mehreren Ebenen entsteht. Auch diese Anordnung ist losgelöst von der typischen Motivanordnung, die entweder am Rand oder in der Mitte sitzt. Dennoch wirkt das Ganze locker und gleichmäßig verteilt. Hier wäre auch noch das Einbringen anderer Blüten möglich gewesen, aber ich habe lieber sechs verschiedene Frühlingsteller mit jeweils nur einer Sorte gemalt, als alle Blumen zu mischen. Die anderen Frühlingsblüher waren Märzenbecher, Schneeglöckchen, Himmelsschlüssel und weitere.
Die Kreisflächen hinter den Blüten können übrigens außer mit einer farbigen Kontur auch noch bunt oder gar golden angelegt werden. Was am besten aussieht, müssen Sie wieder durch Studien und Versuche herausfinden. Bei einem goldenen Kreis etwa kann man die Narzissen auch zartweiß halten.

Schließlich habe ich Ihnen zwei verschiedene Dekorationen anzubieten, die auf der gleichen, schnörkellosen Vasenform zu sehen sind (S. 24, 25). Eine solche, fast steril anmutende Porzellanform stellt vor allem den Anfänger immer wieder vor Probleme. Man hat keine Schwünge, die man aufnehmen und mit der Malerei fortführen kann, und so muß der Dekor sehr gezielt und überlegt aufgesetzt werden.
Auf Abbildung 14 habe ich die recht unschöne Außenwand der Vase mit einer breiten Bauchbinde versehen, in die locker-duftige Blüten gelegt wurden. Als Ausgleich zu diesem strengen Band liegen oben am Hals der Vase noch einige lose Blümchen, die ins Innere schwingen. So kann man bei aller Strenge auflockernd auf den Gesamtausdruck einwirken.

12 Stilisierte Anemonen, die farbig konturiert und anschließend koloriert werden können. Vergrößern Sie bei Bedarf das Motiv mit dem Kopierer.

Beim zweiten Beispiel liegen ganz lose verstreute Mohnblumen außen auf der Vase. Es sollte nicht der Eindruck eines üppigen Mohnfeldes entstehen, sondern die Blumen schweben eher zufällig und schwerelos auf der weißen Fläche. Die Mohnblüten stehen auch nicht brav und botanisch richtig auf dem Scherben, sondern sind völlig frei plaziert und zeigen auch schon mal mit dem Stiel nach oben. Zwischen den einzelnen Blütendetails sind ganz bewußt relativ große Weißflächen frei gelassen worden. Das vermittelt den Eindruck von Leichtigkeit und einem lichtdurchfluteten Hintergrund auf der Vase. Farblich können Sie bei solchen Motiven recht frech und unkonventionell vorgehen. Das heißt, der Mohn muß keineswegs naturalistisch rot gemalt werden, sondern kann modern verfremdet sein. Zum Beispiel als blauer Phantasiemohn mit violetten Blättern und goldenen Blattrippen. Die Vaseninnenseite bleibt diesmal leer und braucht – bei dieser Außendekoration – auch keinen Schmuck. Auch hier können Sie bei späteren Versuchen in anderen Blumensorten fortfahren und die Komposition beibehalten.

Ersinnen Sie bei modernen Blumenmotiven immer sehr neuartige und fast frech anmutende Varianten. Gerade das Ungewohnte dieser Dekore gefällt oft dem Betrachter. Wenn Geschirre mit augenfällig neuen Bemalungen in einer Ausstellung auftauchen, ist das Interesse der Besucher fast immer garantiert. Gerade bei der Porzellandekoration von heute, wo viel in Masse per Abziehbild gemacht wird, und die traditionellen Handmalereien neue Belebung suchen, ist der Wunsch nach Innovation groß.

Einige Porzellanhersteller bemühen sich ja seit Jahren, mit speziellen Designreihen den modern orientierten Porzellanfreund zu befriedigen. Die dabei oftmals erreichten Ergebnisse sind ohne Frage Geschmackssache, und sicher sind auch Ihnen bei diesen Teilen schon Exemplare aufgefallen, bei denen der Dekor überall gepaßt hätte – nur nicht auf Porzellan. Aber das Experimentieren mit neuen Motiven und Bildern auf dem weißen Gold muß weitergehen – und gerade Sie im freien Hobbybereich können sich dabei am meisten »auslassen«.

Sie haben nicht wie viele der in Porzellanfabriken fest angestellten Dekordesigner Vorgaben der Produktionsleitung und Fertigungskriterien zu beachten, sondern können in ungezwungener Atmosphäre und ohne den geringsten zeitlichen Druck (Ihr größter Vorteil) ans Komponieren gehen. Beachten Sie aber bei allem, was Sie an neuen Dekoren ausprobieren, immer eins: Porzellan ist zerbrechlich, verspielt, transparent und unglaublich sensibel als Werkstoff. Genauso müssen auch die dazugehörigen Dekorationen sein: Weich, farbstrotzend, duftig zart oder aber auch filigran verwoben, passen sie aufs weiße Gold. Knallige, plakative Flächendekore sollten der Sanitärkeramik vorbehalten bleiben.

Noch ein paar Worte zur Ideenfindung für die »Moderne Blume«. Ich weiß aus vielen Seminaren, wie schwer es oft dem Hobbymaler fällt, seine Phantasie mitspielen zu lassen. »Mir fällt einfach dazu nichts ein und ich brauche die Vorlage!«, höre ich immer wieder. Sicher kann man auch das schulen, jedoch sollte man dem Hausmaler auf die Dauer nicht zuviel abverlangen. Am Ende verliert er noch die Lust am Handwerk und hört auf. Deshalb können wir ohne weiteres fertige Blumenbilder von großen Meistern der Bildenden Kunst verwenden, wie schon vorhin ausgefüht.

Und so gibt es viele Beispiele, bei denen Sie bereits modern umgesetzte Motive aufs Porzellan bringen können. Dennoch: selber entwerfen ist immer noch kreativer und bringt mehr für die persönliche Malschulung.

13 Diese Anordnung kann weder als Rand- noch als Mitteldekor bezeichnet werden. Die Narzissen schweben eher frei auf dem Teller und scheinen durch die Kreise auf raffinierte Weise mehrere Ebenen zu übergreifen.

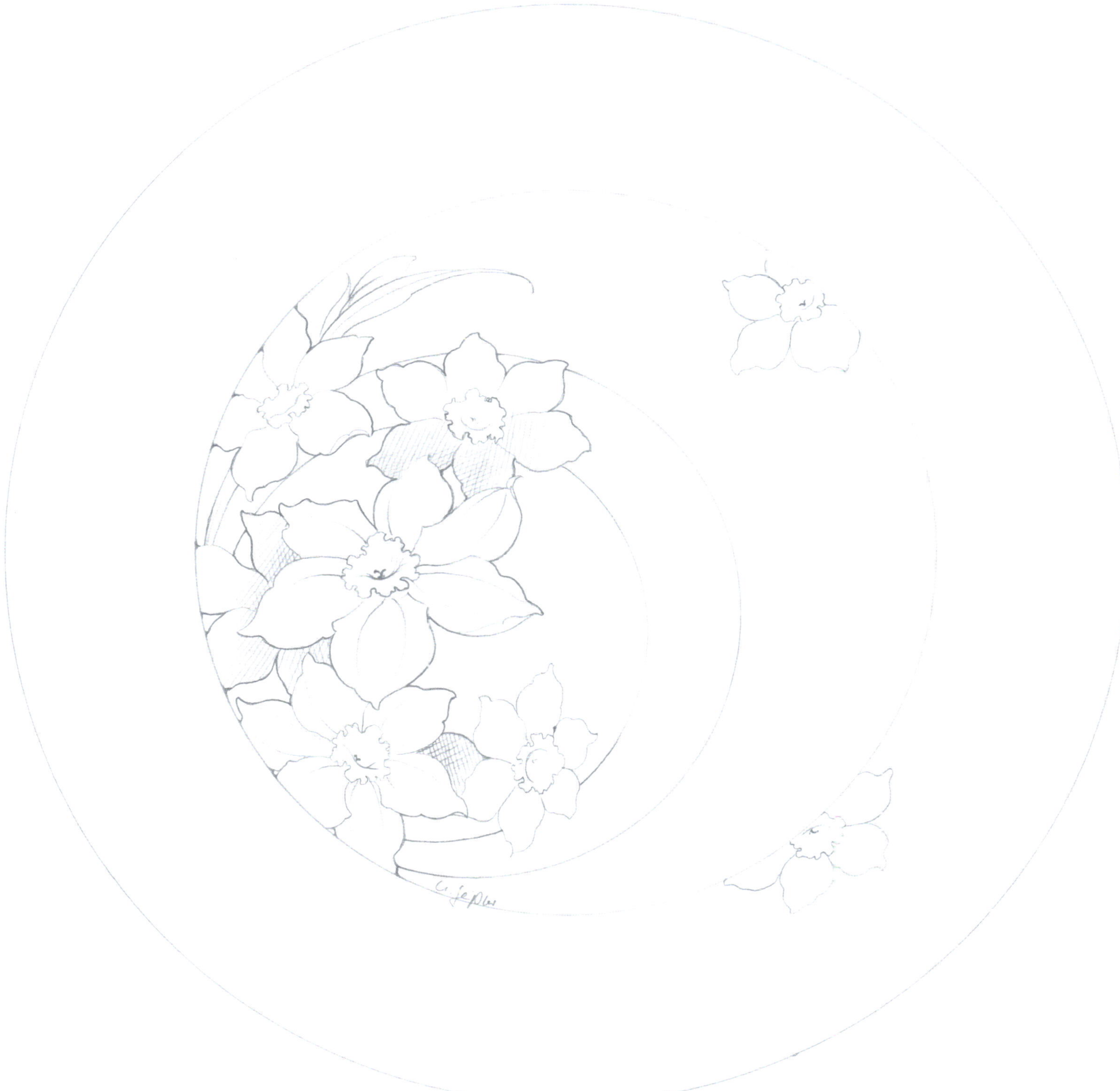

14 Ein breites Blütenband dient hier als »Bauchbinde« für eine schnörkellose Vase im modernen Design. Auch am Vaseninnenrand tummeln sich kleine Blüten und Streublümchen.

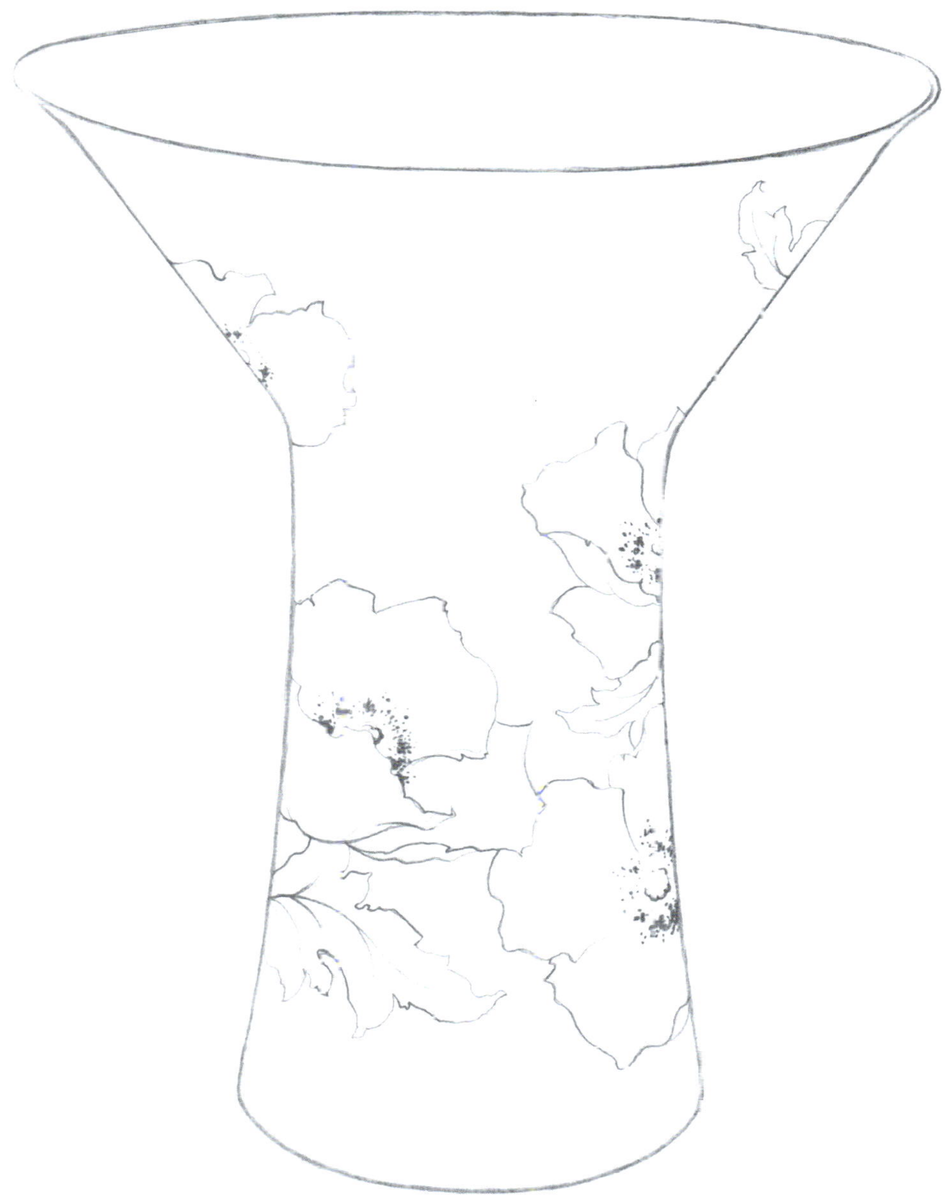

15 Lose hingestreute Mohnblumen machen sich auf demselben Vasentyp genausogut.

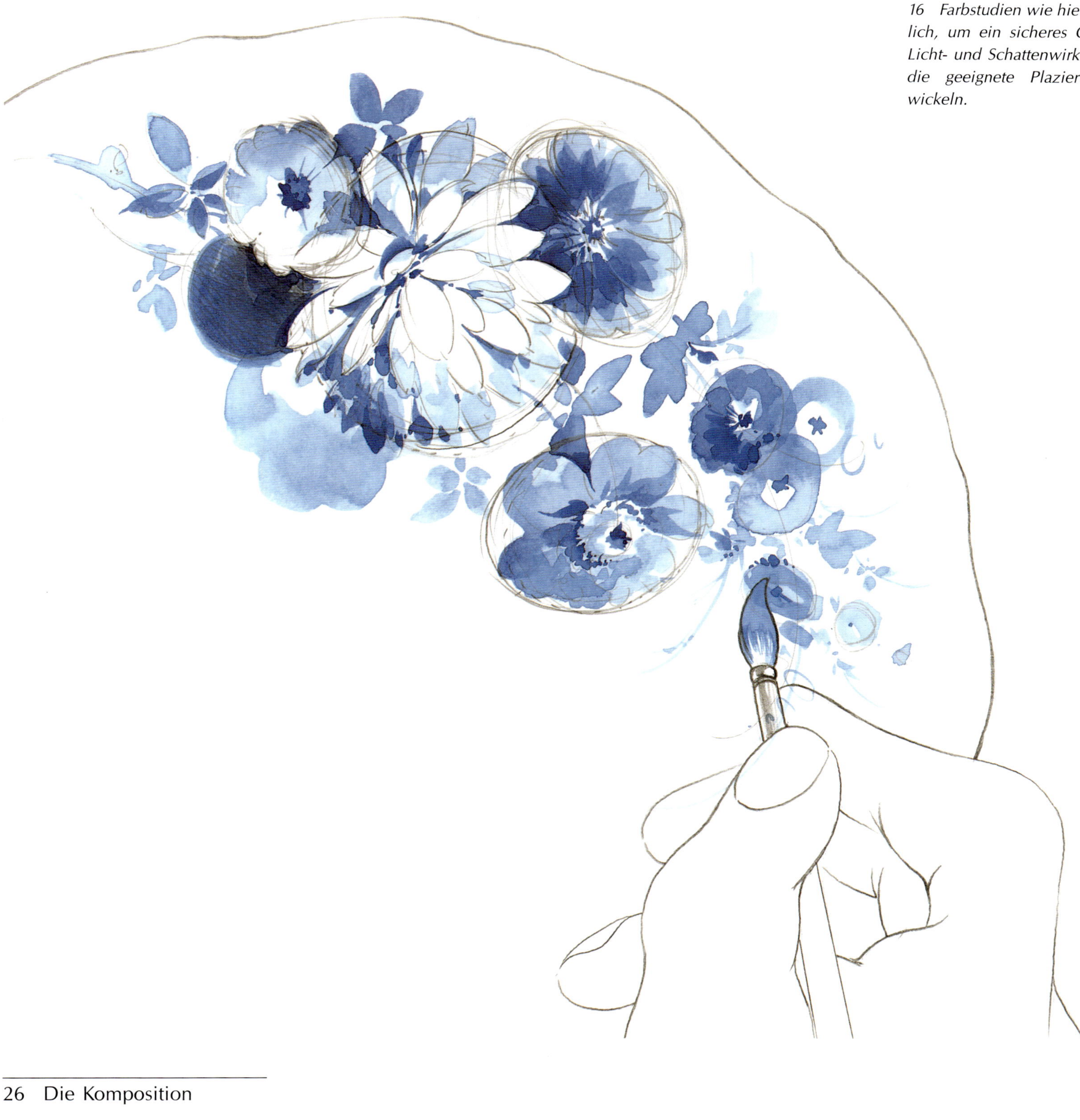

16 Farbstudien wie hier sind unerläßlich, um ein sicheres Gefühl für die Licht- und Schattenwirkungen wie für die geeignete Plazierung zu entwickeln.

17, 18 Die modern gestylten Druckdekore verschiedener Porzellanhersteller können auch uns im Hobbybereich Anregungen bieten. Die hier einmal ganz wahllos herausgegriffenen Beispiele lassen sich farblich oder in der Anordnung der Blüten ideenreich verfremden und sehen als Handmalerei immer ganz anders aus.

WEISSE BLÜTEN AUF FARBIGEM GRUND

Schon früh wurde in den Manufakturen in der Pâte-sur-Pâte-Technik mit weißlich hellen Tönen ein eigenständiger Dekorstil entwickelt. Oft wurden verträumt sinnliche Szenen thematisiert, aber es entstanden auch Blütenarrangements in üppiger Ausführung.

Für eine Anwendung des Dekors im Hobbybereich wollen wir nun Dekorationsmöglichkeiten finden, die zwar eine gewisse Geschicklichkeit erfordern, aber mit entsprechender Übung zu schaffen sind.

Weiße Blütengebinde wirken auf farbigen Untergründen am besten. Viele Möglichkeiten bieten sich an, wenn es darum geht, den Bildhintergrund zu gestalten. Sie können aber auch fertige Porzellanteile kaufen, die bereits farbig glasiert oder mit einer ruhigen Aufglasurfarbschicht versehen sind. Vielerorts gibt es wunderschön kobaltblau gespritzte Teile, aber auch in klassischem Schwarz gehaltene moderne Formen nehmen sich mit diesem Dekor hervorragend aus.

Achten Sie jedoch bereits beim Porzellankauf auf die Harmonie von Motiv und Form. Wenn Sie also beabsichtigen, ein duftig-florales Muster auf den passenden Scherben zu bringen, wählen Sie eher traditionelle Geschirrformen, die nicht zu »schräg« und neu sind; etwa gerade die zuvor erwähnte klassische, kobaltblau glasierte Serviceform.

Für abstrakt gemalte Schwertlilien hingegen paßt schon eher ein modern gestylter Platzteller mit dunkelfarbiger Glasur. Im Handel ist glücklicherweise eine Vielzahl von bunten Glasurgeschirren zu finden, und Sie haben die freie Wahl, welche Stilisierung Sie verfolgen wollen. Für die Farbigkeit der Teile gilt allgemein, daß sie auch dunkel genug sein sollten, um die weiße Malerei wirken zu lassen.

Die sicherste Methode, das Passende zu erhalten, ist immer noch, das Geschirr selbst zu grundieren. Mit dem auf Seite 56 f. beschriebenen Airbrushverfahren können Sie jede beliebige Form mit der Nuance Ihrer Wahl versehen. Auch eine teilweise angebrachte Grundierung kann sehr reizvoll sein. So kann man beispielsweise nur die Tellerfahne farbig lasieren und dann mit weißen Blütenreigen versehen. Oder nur Teile eines Wandtellers farbig glasieren, um auf diesen Feldern dann die Malerei zu präsentieren.

Für rein weiße Blumenmalereien möchte ich Ihnen folgende Grundiertöne empfehlen. *Der* klassische Untergrundton überhaupt ist natürlich das Kobalt oder auch Königsblau. Dieser schwärzlich wirkende Ton ist ein ideales Experimentierfeld für weiße Dekoration auf Porzellan. Die Malereien können auch sehr schön mit Gold und Platinelementen ergänzt werden.

Weiters haben wir noch die breite Palette der Grautöne. In vielerlei Abstufungen können sie als Untergrund weißer Buketts dienen. Achten Sie bei diesen Farbmischungen auf weiche Grautöne, die nicht zu kalt und bläulich wirken. Mischungen von Farben zur farbigen Flächengestaltung sollten Sie ohnehin zunächst auf Bruchstücken ausprobieren. Die dünne Farblage stellt einige Maler immer wieder vor das Problem, Glanz auf die Fläche zu bekommen (nach dem Brand), da nur sehr wenig Farbpartikel aufgebracht werden und somit wenig Schmelz haben. Erhöhen Sie in solchen Fällen die Brenntemperatur etwas oder geben Sie kleine Mengen Fluß zu, was ja bekanntlich den Schmelzpunkt herabsetzt.

Außerdem sehr beliebt sind Sepiaabstufungen. Diese sehr warm wirkenden gelb-braunen Töne bringen weiße Sträuße bestens zur Geltung. Lassen Sie ruhig einmal einige bewußt eingebrachte Farbschwankungen mitspielen. Sie werden sehen, wie lebendig solch ein »wolkiger« Hintergrund ist.

19 Eine weiße Phantasieblume auf schwarz glasiertem Teller mit gewelltem Rand wirkt ganz außergewöhnlich. Viele ihrer Details kommen in der Natur so nicht vor – gerade das aber gibt der Zeichnung die verträumte Note.

Zu Seite 30:
20 Eine sehr weich gehaltene Weißmalerei auf blauem Grund. Die lockere Aneinanderfügung der Blüten ist das Ergebnis vieler zuvor gemachter Studienskizzen und kann bei jedem Geschirrteil abgewandelt werden. Als Farbfond sind unbedingt auch die Rosé- oder Lachsfarben zu erwähnen, die vor allem weißen Rosen weichen »Halt« auf den Porzellanteilen geben. Experimentieren Sie immer neu mit den Zwischenabstufungen des Hintergrundes, von kräftig rötlich bis purpurbräunlich. Mischen Sie verschiedene Proben an und machen Sie kleine Brennversuche.

21–23 Diese kleine Vase in zeitlos moderner Form, versehen mit kobaltblauer Glasur, wurde mit einigen zarten Deckweiß-Druckern interessant belebt. Wer mag, kann später noch kleine Platingräser zwischen die Blüten setzen und so das Sträußchen zusätzlich akzentuieren.

DIE FARBEN FÜR WEISSE BLUMEN

Im Handel finden wir mehrere Weißpulver, die genau wie die anderen Porzellanmalfarben aufgespachtelt und vermalt werden. Ihre Bezeichnungen sind etwas unterschiedlich und reichen von Deckweiß über Blickweiß bis hin zu Aufsetzweiß. Alles trifft so ziemlich das gleiche, wenngleich sich die Farben verschiedener Hersteller unterschiedlich »anfühlen«, wenn sie aufgerieben sind und mit dem Pinsel aufgenommen werden. Manchmal sind sie etwas zäh und breiig, und es bedarf einer gewissen Übung, bis man sie im Griff hat. Nebenbei gibt es noch die sogenannten Relieffarben, die man durchaus mit dem Aufsetzweiß kombiniert verarbeiten kann, um etwas erhabene Farblagen zu erreichen. Man kann damit das Motiv an bestimmten Stellen ein wenig plastisch »unterstützen«, was den Gesamtausdruck sehr wohl steigern kann. Durch Betonung verschiedener Staubgefäße oder der feinen Linien an Gräserkanten beginnt das Bild plötzlich zu leben. Doch Vorsicht! Wenn man den Einsatz von Reliefweiß übertreibt, wird aus dem Porzellandekor schnell unbeabsichtigt Kitsch. Also wirklich nur zur Betonung ganz spezieller Details einsetzen. Relieffarben gibt es auch farblich eingetönt zu kaufen. Mit hellsten Gelbanteilen kommt so eine Farbe – beispielsweise als Mittelrippe auf einem Rosenblatt – hervorragend zur Geltung.

Auf Abbildung 28 können Sie eine weiße Bukettmalerei sehen, die neben den Weißanteilen noch zusätzlich mit dunkler Purpurfarbe Betonung erfahren hat. Doch schauen wir uns den Werdegang der Reihenfolge nach an:

Wir können hier entweder mit einem farbig glasierten Teller arbeiten oder wir gestalten den Weißscherben selbst im Airbrushverfahren mit der hellpurpurnen Grundfarbe.

1. Mit dem Stabilo wird, wie gewohnt, die Vorzeichnung gemalt. Stellen Sie vorher die Komposition etwas lockerer als in der gewohnten Manier zusammen, um den moderneren Stil zu betonen. Das Motiv wird seitlich versetzt gezeigt. Im Mittelpunkt steht die große Tulpe mit ihrem sehr dominant wirkenden Blütenkörper. Der Stiel hat einen leicht geschwungenen Verlauf; benachbart liegt ein recht breitflächiges Blatt. Dahinter sind die Füllblüten mit ihrem Blattgrün sehr lose (und gar nicht durchkonstruiert wie bei der klassischen Blumenmalerei) eingestreut. Die Wirkung ist durch die recht zufällige Anordnung sehr leicht und wird durch die zart-weißlichen Transparenttöne noch verstärkt (Abb. 24).

2. Nun werden mit relativ fettiger Farbe die ersten weichen Weißlasuren aufgetragen. Malen Sie die Blätter mit breitem Pinsel zunächst sehr hell ein und deuten Sie die ersten Tiefen an, indem Sie das Deckweiß an verschiedenen Stellen stärker legen (rechte Tulpenseite, Schattenblüten rechts am Tulpenblatt). Achten Sie darauf, daß Sie sich noch nicht in Details verlieren. Alle kleinen Elemente werden später eingesetzt (Abb. 25).

3. Nach einem ersten guten Antrocknen können jetzt mit einem feinen Zeichenpinsel klare Linien eingezogen werden. Dieser Arbeitsschritt ähnelt etwas der Ausarbeitung in der Maniermalerei, nur daß hier keine klaren Gliederungen eingefügt werden, die die Blüten fertig konstruiert erscheinen lassen. Alle Linien werden eher flüchtig gesetzt, und die gestrichelten Flächen sind mehr oder weniger angerissen. Wenn, eventuell aus Unerfahrenheit, hierbei die ersten Anlagetöne wieder aufgelöst werden, empfiehlt sich ein Zwischenbrand (niedrig einbrennen reicht). Die tiefsten Purpurelemente und Schattenpunkte sollten Sie bereits jetzt malen (Abb. 26).

4. Als letztes werden nun feine Strichelabschnitte gesetzt, die sich zu zarten Flächen zusammenfügen (gut zu sehen vor allem in der Tulpe als Zentrum und Blickfang). Abschließend folgen noch die kleinen Staubgefäße, Rippen und »prickelnde« Details im Strauß. Verwenden Sie bitte Dunkelpurpur dafür.

24–27 Werdegang eines weißen Buketts auf purpurfarben glasiertem Teller (Textfolge 1–4). Die Dunkelpurpur-Zeichnung bringt Tiefe in den Dekor.

28 Diese Ansicht des fertigen Tulpenmotivs auf purpurfarbenem Grund enthüllt in der Originalgröße die Maldetails am besten: Man sieht deutlich, wo lasierend gewischt, wo getupft und wo die feine Pinselspitze hauchzart aufgesetzt wurde.

29 Bei diesem Beispiel weißer Trichterwinden und Lippenblütler auf hellblauem Untergrund wurden die tiefsten Schattenstellen in Dunkelblau betont, um räumliche Wirkung ins Bild zu bringen.

EINFARBIGE BLUMENMALEREIEN

Einfarbige Blumenmotive gibt es schon seit dem Bestehen der ersten Manufakturen. Sie sind für unsere Absicht, modernere Dekorvarianten zu entwickeln, unverzichtbar. Wir finden aus vielerlei Porzellanbetrieben sehr schöne Beispiele, die nicht immer handgemalt sind, uns aber gut als Muster dienen können. Denken wir etwa an die farbenprächtigen Banddekore von Villeroy & Boch, so finden wir eine Menge Blütendekorationen, die Sie ganz neu beleben können. Wenn Sie sie noch dazu *einfarbig*, neu interpretieren, bekommt das Ganze wieder eine andere Aussage. Diese Druckdekore entstehen in den Designerbüros ja zunächst auch als Handmalerei und werden erst später für die Vervielfältigung zu Formen für das Abziehbild umgemodelt.
Wenn allerdings Ihre kreative Ader zum Zuge kommen soll, stellen Sie auch diese Dekore am besten selbst zusammen (siehe auch das Kapitel Komposition Seite 18). Vorauszusetzen ist für die persönliche einfarbige Gestaltung vor allem ein sicherer Geschmack gerade beim bunten Bild. Nicht jede Blumensorte läßt sich in jeder beliebigen Farbe dekorativ darstellen. Sträuße, die in zu schreienden Farben gemalt werden, wirken aufdringlich plakativ und sind – zumindest fürs Porzellan – weniger geeignet.

Der absolute Klassiker ist natürlich die blaue Blume auf weißem Scherben. Völlig zeitlos lassen sich hier die phantastischsten Dekore entwickeln. Sie alle kennen sicher mindestens einen blauweißen Blumendekor auf Porzellan, oder? Einer der moderneren, der allen Porzellanenthusiasten in guter Erinnerung ist, ist die blaue Unterglasurorchidee aus Meißen (Abb. 30–32). Sie ist ein prachtvolles Beispiel, wie mit nur einem Farbton in verschiedenen Abstufungen ein absolut selbständiger Dekor entwickelt wurde. Dieses spezielle Beispiel zeigt übrigens immer nur ein und denselben Orchideentyp und kann von uns sehr gut mit weiteren Sorten ergänzt und fortgeführt werden. Da wir auch meist in der Aufglasurtechnik arbeiten, stehen uns viel mehr Blautöne zur Verfügung.
Die Meißen-Orchidee ist in ihrer Originalform für uns ein ideales Übungsobjekt. Sie ist in der technischen Ausführung auch nicht so schwierig: Wenn Sie sich einmal ein Teil dieser Serviceserie anschauen, werden Sie sehen, daß es sich in der Hauptsache um breitflächige, lasurartige Pinseldrucker handelt, die durch Einzelelemente weitere Betonung erfahren. In den beiden oberen Hauptblättern der Blüte schließlich werden aus der aufgetragenen Farbe mit dem Pinselstiel noch die hellen Linien der Blattrippen herausgekratzt (Abb. 32). Probieren Sie diese fast skizzenhafte Malweise ruhig auch einmal mit anderen Sorten. Alle großblättrigen Blumen mit weichen Formen sind geeignet. Denken Sie nur an den Mohn, die Heckenrosen, Malven oder auch die Lilien. Den weichen Eindruck der Malerei können Sie übrigens auch mit der Aufglasurtechnik hinbekommen. Sie müssen lediglich weiche Porzellane verwenden (Bone China) und möglichst Scharffeuerfarben verwenden, die durch hohe Brände weich in die Glasur einschmelzen.

Purpurdekore oder grün gehaltene Malereien haben gleichfalls eine lange Tradition. Wenn man sie modern interpretieren möchte, sollte man auch etwas von den klassischen Farbtönen absehen. Also lieber nicht das bekannte kupfergrüne Bukett bringen, sondern sich mit eigenen, neuen Mischungen an andere Nuancen heranwagen! Besonders die zarten Minttöne können ihre Wirkung auf den Betrachter nicht verfehlen. Wie sollte man nun an die einfarbigen Dekore insgesamt herangehen? Dazu vielleicht einmal eine »Grundvariante«, die viele Möglichkeiten eröffnet und sicher auch Ihnen helfen kann, den ersten Schritt richtig zu tun:

30–32 Die bekannte Orchidee auf dem Ast aus der Meißner Manufaktur ziert hier in voller Pracht das Unterteil einer ausgefallen gestalteten Vase. Die Zeichnung des Deckels ist mit der Darstellung von knospenden Ästen fast asiatisch inspiriert. Die Orchidee zählt dennoch, so wie sie hier gezeigt ist, zu den modernen Dekorblumen des sächsischen Betriebes.

33 Einfarbige Phantasieblumen fließen hier regelrecht mit einer Wasser-Landschaft zusammen. Diese Technik des Lasierens und Überlagerns allein durch immer dunklere Zeichnung gibt Ihnen sehr viel Spielraum auf unterschiedlichsten Porzellanformen. Natürlich können Sie auch die Farbe wechseln und Purpur, Grün, Grau mit Platin ausprobieren.

– Zunächst sollten wir die Grundkonturen fein mit dem Stabilo vorzeichnen, entsprechend Ihrem Entwurf. Geben Sie sich dabei bitte nur die nötigsten Linien vor! Das ermöglicht ein klares Nachvollziehen dieser Linien mit der entsprechenden Grundfarbe.

Betonen Sie zunächst nur Außenkonturen, Mittelrippen, Stielführungen und eventuell noch Staubgefäße. Alle feineren Details sollten erst später eingebracht werden, wenn die Ausarbeitung folgt.

– Steht diese Vorzeichnung, können Sie jetzt mit der gewünschten Hauptfarbe, beispielsweise Purpur, in entsprechender Tiefe sämtliche Linien nachziehen. Wir schaffen uns so quasi ein Gerüst aller wichtigen Einzelheiten, in die dann alle Lasuren und Feinheiten gemalt werden. Sie können diese Linien übrigens wahlweise mit Feder oder Zeichenpinsel malen. Achten Sie darauf, daß die Konturenfarbe dunkel genug ist! Sind alle Linien eingemalt, empfiehlt sich für den ungeübten Maler ein Zwischenbrand, damit beim Ausmalen keine der Linien wieder aufgelöst wird.

– Jetzt können Sie – korrekt nach Vorlage oder Entwurf – die Einzelheiten ins Bild setzen. Alle weichen Drucker und Schattierungen sowie die Äderungen in den Blütenblättern werden mit einem entsprechend helleren Purpur erstellt. Je nach Routine und Übung ist hierbei vielleicht noch ein Zwischenbrand nötig. Abschließend können in das einfarbige Blumenmotiv noch einzelne Edelmetallelemente eingesetzt werden. Das wertet den Dekor erheblich auf und wirkt modern, vor allem, wenn man auf Platin zurückgreift.

DAS ERWEITERN AUF MEHRERE FARBEN

Einfarbige Motive können aber durchaus mit weiteren Tönen ergänzt werden, ohne dabei bunt zu werden! Beispielsweise können Sie in einem purpurnen Bukett an den tiefen Stellen Steigerungen mit Violett erzielen. Das gesamte Bild erfährt dadurch mehr Tiefe und Plastizität. Bei einem ockergelben Bukett können wir durch die Akzentuierung mit Braun mehr Brillanz gewinnen.

Allerdings sollten nicht mehr als drei Farben zur Anwendung kommen! Bei weiteren Farben können wir sicher nicht mehr von einem einfarbigen Eindruck sprechen. Im folgenden möchte ich Ihnen einmal kurz auflisten, welche Töne Sie miteinander verarbeiten können, ohne daß ein bunter Gesamteindruck die Folge ist:

Für purpurne Buketts. Purpur-Grundton, Violett-Schattierungen, Hellpurpur-Lasuren

Für blaue Buketts: Hellblau-Anlage, Dunkelblau-Schattierungen, Hellpurpur-Lasuren

Für gelbe Buketts: Hellgelb-Anlage, Ocker-Schattierung, Braun-Zeichnung

Für graue Buketts: Hellgrau-Anlage, Zeichenfarbe-Schattierung, Platin-Zeichnung.

Edelmetallpräparate bieten sich in der einfarbigen Blumenmalerei zum Ausschmücken verschiedener Zwischenräume und auch auf Blattflächen geradezu an. Gold sollte allerdings sehr kontrolliert eingesetzt werden, zumal Platin weit moderner anmutet. Damit können in einfarbigen Dekoren durchaus ganze Blattflächen gestaltet werden. Aber auch schemenhafte Linien, die weiche Schatten andeuten, sind machbar. Beispiele hierfür finden Sie in vielerlei Form auf Messen bei namhaften Manufakturen, die jedes Jahr dort ihre Neuheiten präsentieren. Deren Unikatmalereien sind für uns im Hausmalerbereich ein wertvoller Ideenfundus. Schämen Sie sich nicht, dort »abzumalen«! Die Designer in den Porzellanfabriken und Manufakturen holen sich ja auch »Anregungen« bei anderen Malern oder lassen sich von den alten Meistern der Kunst inspirieren. Es ist allerdings begrüßenswert, wenn Sie den übernommenen Dekor durch eigene Details ergänzen.

AQUARELLARTIG STILISIERTE BLUMENMALEREIEN

EIN NELKENTELLER

Die Tellerform, die Sie auf Seite 41 sehen, ließ eigentlich nur die klassische Dekoration – Dekor in der Mitte und in den Randfeldern Streuer – zu. Ich machte mir Gedanken, wie das interessante Design einmal etwas frecher und modischer geschmückt werden könnte. Den Tellerspiegel als Hauptdekorträger zu nutzen, stand fest, da er die größte Weißfläche bietet. Aber die übliche mittige Variante wollte ich auf jeden Fall vermeiden. So stellte ich mir den Tellerrand kurzerhand als eine Art Fenster vor, durch das man auf eine duftige Blumenwiese schauen kann. Das Tellerinnere erscheint also ausgeschnitten und wird damit fast zum Bild. Zum Rand hin habe ich in einem der reliefierten Felder den Ansatz eines Blütenarrangements angedeutet und erzielte somit ein gutes Gleichgewicht im Dekor. Die plastischen Erhebungen im Scherben geben bei Geschirr dieser Art einen guten Anhaltspunkt für die Plazierung der Blüten. Die Nelken, die ich in dem Ausschnitt zeigen wollte, sollten in einer sehr weichen Manier gemalt werden. In Naß-in-Naß-Technik ist diese Art bekanntlich am schönsten, und so wurde aus der Lochpalette gearbeitet.

Zunächst jedoch mußten die Blüten geschmackvoll plaziert werden. Den ganzen Ausschnitt vollzumalen, wäre sicher nicht so günstig gewesen, da der »Ausblick« dann nicht luftig aussehen würde, sondern gedrängt und überladen. Also habe ich lediglich eine Seite des Tellerspiegels mit Nelken versehen und sie maximal bis zur Mitte einschwingen lassen. Zeichnen Sie nur die nötigsten Linien zart vor und vermeiden Sie strenge Formen und Bewegungen im Motiv. Alles muß verträumt und leicht aussehen, um die Anmutung des Aquarells zu erreichen. Sie können durchaus von einem wirklichen Aquarell abmalen, wenn keine eigene Naturstudie zur Hand ist. Es gibt eine Vielzahl von schönen Blumenbüchern, deren Motive sich ebenfalls eignen.

Dann wird Naß in Naß die Farbe angelegt. Sie sehen in Abb. 34, wie die Hauptblüten ihre ersten Details bekommen und schon relativ fertig erstellt werden. Viele der purpurnen und roten Maserungen sind schon beinahe im Endfarbton sichtbar. Mit verhältnismäßig viel eingedicktem Malöl ist eine schöne Weichheit im Bild zu erreichen, und die Blumen berühren sich sehr zart und haben keine harte Grenze. Später malen Sie noch das Blattgrün und die Vergißmeinnicht hell ein und versehen auch den kleinen Ausschnitt am oberen Tellerrand mit dem Dekorsegment in denselben Farben (Abb. 35). Danach sollte der Anfänger den sichernden Zwischenbrand einlegen. Zum Schluß wird nun die Vielzahl der Akzente gesetzt, um dem Bild den letzten Pfiff zu geben. Nelken bieten, wie übrigens auch der Federmohn, eine schöne Gelegenheit, die Malerei sehr bewegt erscheinen zu lassen. Die vielen kleinen »Schnitzer« an den Blatträndern bewirken ein äußerst interessantes Aussehen und bauen enorme Spannungen im Dekor auf. Deshalb sollte man die Malfläche auch nicht mit solchen Motiven überladen, da sonst der Scherben zu unruhig wird und seine Eleganz verliert. Legen Sie mehr Wert auf die besagten »Einblicke«.
Die Zeichnungen in diesem Bild sind alle mit Farbtönen der Hauptblumen gemacht worden. Für die Grünzeichnung werden also beispielsweise Purpur, Blau und Rot gemischt. So wirkt der Zeichenton nie fremd im Vergleich mit dem Blütenton und schafft eine ruhigere Einheit im Gesamtbild. Die Linienführung wurde, im Gegensatz zur Maniermalerei, sehr weich und fast etwas oberflächlich gestaltet. Nichts im Bild sollte kantig, hart oder grafisch gerade aussehen. Auch das scheinbare Wirrwarr in den Nelken selbst bringt Weichheit und Duftigkeit. An manchen Stellen gehen die beiden Hauptblüten scheinbar fließend ineinander über, und man erkennt durchaus nicht jede Blattform oder Grenze.

34–36 Vom Anlegen der Farben für die prunkenden Federnelken als Hauptblüten (in Violett, Ziegelrot und in Zart-Crèmefarben) bis zum fertigen Teller ist es ein langer Weg der kleinen Schritte: schließlich soll der Malstil hier schwelgerisch, ja geradezu »flammend« sein. Abbildung 36 zeigt im Vergleich zur vorangegangenen Abbildung noch zahllose weitere Ausarbeitungsdetails.

MODERNE MISCHTECHNIKEN

Ein besonders großes Arbeitsfeld für moderne Blumenmalerei eröffnet sich uns in der Verwendung mehrerer Maltechniken in einem Dekor. So hat man zum Beispiel zu Anfang der siebziger Jahre in Meißen begonnen, ein Blumendekor zu entwickeln, das aus Unter- und Aufglasurmalerei bestand.

Zunächst wurde auf den unglasierten Gegenstand in großzügig-flächiger Pinselführung die leuchtend blaue Anlage gemalt. Die Blumen und Blattelemente wurden dabei in weichen, transparenten Tönen »hingehaucht«, wobei aber auch schon sehr kräftig-tiefe, kobaltblaue Akzente gesetzt wurden. Die Anordnung der Details war betont locker gehalten, und es fehlte die übliche Strenge der Manierkomposition. Gemalt wurde außerdem auf dem nagelneu entworfenen Service »Großer Ausschnitt« – im Design inspiriert von Blütenformen –, um eine perfekte Einheit von Form und Dekor zu erreichen.

Nach diesem ersten Unterglasur-Arbeitsgang wurden die Teile wie gewohnt im Glasurbad getaucht und dann gebrannt. Heraus kam ein fertiges Hartporzellanteil mit der weichen Blumenanlage in Blau. Diese diente dann gleichzeitig als Orientierung für die Ausarbeitung mit Aufglasurfarben. Hierbei wurden dann, wieder sehr flott und blumig gemalt, die Einzelheiten in die Buketts eingebracht. Die Malweise war völlig neu und mußte von allen Malern, die diesen Dekor fertigen sollten, erst in gründlichem Studium erlernt werden.

Gewünscht wurden keine festen, strengen Linien, sondern eine Vielzahl zügiger Drucker, die dem Bild eine sehr duftige Aussage geben sollten. Durch die fast oberflächlich anmutende Malart bekam jedes Teil eine andere Wirkung, und, als ganzes Service zusammengestellt, entstand der Eindruck einer sommerlichen Wiese. Ein feines Goldband schmückte schließlich noch dezent den Rand.

Diese Variante der modernen Blumenmalerei scheint im Hobbybereich nicht nachvollziehbar, weil kaum jemand die Möglichkeit haben dürfte, an unglasierte Ware zu kommen oder auch den hohen Glasurglattbrand auszuführen. Man kann aber die Unterglasurparts auch mit der Scharffeuerfarbe malen, was eine ähnlich weiche Wirkung bringt. Scharffeuerblau oder auch Inglasurfarbe wird *auf* die Glasur gemalt und hat bei richtigem, meist recht hohem Einbrennen die leicht verschwommene Wirkung von Unterglasurfarbe.

Dennoch möchte ich gleich anschließend an einem Beispiel einmal den Werdegang eines solchen Motivs zeigen. Ich habe es zusätzlich mit ein paar Früchten angereichert, um die Üppigkeit des Buketts zu unterstreichen. Bei dem Gegenstand handelt es sich um eine einfache, bauchige Vase, die durch ihre neutrale, schnörkellose Form eigentlich jeden Dekor aufnehmen kann. Vasen können allgemein mit Rundumdekoren ebenso versehen werden wie mit Vorder- und Rückseitenmotiven. Letzteres kommt nun zur Anwendung.

UNTERGLASURMALEREI

Zunächst habe ich die unglasierte Vase auf der Oberfläche gründlich von Staub und Porzellanpulver gereinigt. Die eigentliche Vorzeichnung muß sehr sparsam vorgenommen werden, da der Stabilostift auf der porösen Fläche kräftig zeichnet und wir ja nicht soviel Striche haben wollen. Die Komposition ist ziemlich frei und unkonventionell vorgenommen, weil ich ein frisches, undiszipliniertes Bukett haben wollte.

In die Mitte wurden Rosen als Blickfang gesetzt: eine augenfällige Kugelform für die Lichtblüte mit dazugehöriger Schattenblume, die schon recht dunkel angegeben wird. Links davon, scheinbar achtlos dazukomponiert, der Wein, bei dem ich mich noch nicht für die spätere Farbe entschie-

37 Die in Unterglasur-Technik blau bemalte Vase, wie sie im Text auf Seite 42 und 44 genau beschrieben wird.

38 Die Ergänzung des Motivs mit anderen Farben in Aufglasurtechnik kann sehr lebendig wirken (Beschreibung im Text Seite 44).

den habe. Diese Kügelchen sind sehr weich angelegt, sollen zunächst nur den Sitz der Früchte andeuten und noch keinerlei Einzelheiten enthalten. Das gilt auch für die Brombeeren rechts, die schon in einem sehr tiefen Kobaltblau hingesetzt werden und später in fast schwärzlichem Violett erscheinen sollen.

Wenn man, wie hier, die Möglichkeit der Unterglasurgestaltung hat, muß man sehr schnell arbeiten, da der poröse Scherben die mit Wasser angemachte Farbe ungeheuer schnell aufsaugt und leicht zu dunkel wird, wenn der Pinsel nur wenige Sekundenbruchteile zu lange aufsitzt. Es ist eigentlich wie beim Aquarellieren auf Papier, wo der Pinselstrich ja auch sehr sicher kommen muß, um weich zu bleiben. Nach dem Auftragen der blauen Farbe und deren Antrocknung kommt das Stück in das Glasurbad, wo es einen gleichmäßigen Glasurüberzug erhält. Alle Poren saugen hierbei die wäßrige Lösung auf. Durch den hohen Brand kommt es zu großer Festigkeit des Porzellans, und unter der nun transparent gewordenen Glasur erscheint unser hellblaues Motiv in tief leuchtender Brillanz.

AUFGLASURMALEREI

Wenn Sie keine Möglichkeit haben, an unglasierte Ware heranzukommen, können Sie diesen ersten Arbeitsschritt auch *auf* der Glasur ausführen. Sie benötigen dazu allerdings die erwähnte Scharffeuer- oder auch Inglasurfarbe. Diese wird auf dem bereits glasierten Scherben wie jede andere Aufglasurfarbe mit Terpentinöl aufgetragen und auch sehr hoch eingebrannt (ca. 1250 °C).

Sie sehen die Vase mit der fertigen Blaumalerei auf Abbildung 37, Seite 43. Nun beginnt der Abschnitt der Buntdekoration. Da der blaue Hintergrund bereits eine gewisse Plastizität und Tiefe erzeugt, muß die Ausarbeitung bei dieser Technik nicht allzu dunkel erfolgen. In den Schattenstellen soll das Kobaltblau seine Leuchtkraft behalten und dem Dekor einen Grundton geben. So wird die bunte Aufglasurfarbe nur unterstützend aufgetragen. Die jeweiligen Farbtöne der Blumen und Früchte werden quasi nur angedeutet und hier und da durch etwas dickere Farblage betont. Viele Stellen, vor allem an den Rändern des Buketts, werden sogar im ursprünglichen Blauton belassen und erfahren keinerlei Auszeichnung, um sich duftig ins Unbestimmte zu verlieren.

Die absoluten Tiefen werden jedoch mit satter Farblage gemalt, um die Früchte saftig-fleischig erscheinen zu lassen (zu sehen am rechten Buketteil, wo die Brombeeren tief schwarzviolett stehen oder auch beim Wein). Aufgehellt wird mit einigen Glanzlichtern, die man hier auch schon einmal mit Aufsetzweiß machen kann.

Das Blattgrün wird lasurartig aufgetragen. In verschiedenen Nuancen soll das zunächst bläulich schimmernde Grün belebt werden. Das geht am besten mit Gelbgrün und Ockertönen. Aber auch Purpurschatten an den Blatträndern und Mittelrippen in Maron bringen wohltuende Farbigkeit. Benutzen Sie bei den etwas größeren Flächen im Motiv (Blütenkörper, die großen Blattformen) ruhig auch einen Stupfer, um ruhige Zonen zu erreichen. Diese Maltechnik lebt von weichen Formen und ruhigen Akzenten, die mit dem Stupfer sehr gut gelingen. Daher sind klare, dünne Linien fast nicht zu finden. Mittelrippen, Stiele und Gräser sind eher flüchtig angedeutet als klar gezogen. Das bewirkt selbst in klar gegliederten Abschnitten, wie beispielsweise einem Rosenblatt, Weichheit und Lockerheit.

Da in dieser Technik viele Farben direkt miteinander vermischt werden müssen, empfiehlt sich das Malen aus der Lochpalette. Hier haben wir alle Farben griffbereit und können ständig mischen und nuancieren. Abschließend wird das Stück noch einmal im Farbbrand (840 °C) gebrannt.

DIE BLAU-BUNTE MISCHTECHNIK, SCHRITT-FÜR-SCHRITT

Auf den Seiten 45 bis 48 möchte ich Ihnen einmal der Reihe nach die Arbeitsweise bei der transparenten Malweise mit blauem Untergrund vorstellen. Ich habe wieder ein Frucht-Blumenmotiv verwendet, weil damit verschiedenste Sinne gleichzeitig angesprochen werden. Um es Ihnen nicht zu schwer zu machen, habe ich einen Wandteller mit 20 cm Durchmesser und durchbrochenem Rand gewählt. Diese Größe reicht völlig aus, um ein neues Dekor üben zu können. Wenn Sie gleich größer anfangen, kann es sein, daß Ihnen die Aufgabe über den Kopf wächst, und Sie die Lust an der Sache verlieren. Deshalb gilt für neue Techniken: immer eher kleine Versuche starten!

1. Zuerst wird das Motiv Ihrer Wahl (Abb. 39), wie beim Wandteller üblich, in der Mitte plaziert. Nehmen Sie eine große Hauptfrucht ins Zentrum des Buketts und ordnen Sie die dann kleiner werdenden Details um diese herum an. In unserem Beispiel ist das rechts noch eine Heckenrose und sind es links die beiden Kirschen. Dazu kommen die Apfelblätter und das Rosengrün (in den größeren Lücken) sowie die Durchzüge für die perlende Auflösung der Malerei zum Rand hin.

Wenn die Vorzeichnung sitzt, beginnen wir mit der kobaltblauen Anlage. Sie brauchen dazu eine leuchtend blaue Inglasurfarbe (Einsinkfarbe), mit der man Unterglasureffekte erzielen kann. Es wird für Sie als allein arbeitender Hobbymaler übrigens nicht leicht sein, diese Farbe irgendwo zu bekommen, und es empfiehlt sich daher, sie über einen Händler, der sie beim Hersteller besorgen kann, zu beziehen.
Die Farbe wird wie jede andere Aufglasurfarbe auch mit Terpentin angerieben und auch wie gehabt vermalt. Der Vorteil ist eben nur, daß Sie damit weiche Unterglasureffekte erzielen können. Beginnen Sie direkt am Apfel als Blickfang. Achten Sie darauf, daß alle Einzelheiten zunächst einen hellen Anlageschatten bekommen. Alles wird angedeutet, aber nicht zu »fertig« gemalt. Allerdings sollte bei den tiefen Dunkelstellen schon kräftig betont werden. Sie sehen das an der Schattenkirsche und den Blümchen unterhalb des Apfels. Diese Tiefen ergeben später das kräftig leuchtende Königsblau.
Mit der blauen Anlage muß auch bereits eine ausdrucksvolle Plastizität einhergehen, da ja die farbige Ausgestaltung die Malerei lediglich noch abrunden soll. Am Ende dieses ersten Arbeitsganges kommt das Stück in den Ofen und wird bei 1250 °C gebrannt. Die Einsinkfarben brauchen so viel Feuer, um weich in die fast flüssig werdende Glasur sinken zu können

2. Ist der Teller langsam abgekühlt, wird er zunächst einmal auf das Ergebnis beim Brand hin angesehen. Es kann durchaus sein, daß bei so hohen Temperaturen Schwankungen der Glasur-

39 Auch der erste Arbeitsschritt des nach und nach entwickelten zarten Früchte-Blumen-Buketts zeigt schon sehr viel plastische Wirkung, die durch das Einsinken beim Brand der Inglasurfarbe betonte Weichheit erlangt.

qualität zutage treten. Ich habe dabei schon entwichene Luftbläschen entdeckt, die eine fast »pickelige« Oberfläche verursachten. Auch gibt es Glasurmischungen, die bei diesen Temperaturen regelrecht »davonlaufen«. Es empfiehlt sich also bei solch hohen Temperaturen über 1000 °C vorher ein Probebrand, um sicherzustellen, daß Ihre Mühe nicht im Ofen zunichte wird.
Ist jedoch alles gutgegangen (was bei gutem Hartporzellan die Regel ist), können wir die Malerei farbig vervollkommnen. Wo Sie beginnen, ist eigentlich gleich. Ich habe mir die Kirschen als erstes vorgenommen und sie mit einer Eisenrot-Pompadour-Mischung lasiert. Achten Sie darauf, daß die blaue Unterlage erhalten bleibt und nicht von den Aufglasurfarben gänzlich zugelegt wird. Dieses Zusammenspiel von Blau und den farbigen Lasuren bildet ja gerade die Besonderheit dieser Malerei.

3. Für den Blickfang im Bild – den Apfel – brauchen wir nun ein schön leuchtendes Gelb, das mit Ocker und etwas Braun noch abschattiert wird. Weil der blaue Schatten bereits die kugelige Form betont, brauchen wir gar nicht mehr viel plastische Ausarbeitung.
Führen Sie den Pinsel von der Blüte oben zum Stielansatz unten. Man kann die herausragende Stellung in der Fruchtschale mehr oder weniger betonen und so die Kugelform unterstreichen. Wenn es der »Musterapfel« vorgibt, können in eine solch gelbe Variante sicher auch noch rötliche Streifen eingemalt werden. Das gibt zusätzliche Farbigkeit im Bild und belebt. Ich würde dieses Stilmittel aber erst bei größeren Tellerformen einsetzen.

Versuchen Sie bitte nicht um jeden Preis, die Apfeloberfläche glatt hinzubekommen, sondern malen Sie eher trocken, damit der Pinselstrich auch einmal abreißen kann. Verzichten Sie auf einen Stupfer! Zu schönes Obst wirkt künstlich und ste-

40–43 Wieder einmal sehen Sie bei den einzelnen Schrittfolgen (2–5) genau, worauf jeweils die Akzente gelegt werden. Die farbige Anlage auch der kleinsten Details (Abb. 43) ist der Clou in dieser appetitlichen Malweise.

ril. Die kleine Blüte dicht am Apfel wird nun noch mit Schwarzbraun gezeichnet, und man läßt auch da etwas von dem Grundierblau durchblitzen.

4. Mit einem dunklen Zeichenpurpur erhält jetzt die Heckenrose rechts ihre Endausarbeitung. Ich habe sie in Anlehnung an die Maniermalerei gestaltet, um als Ausgleich zu den ziemlich flotten, malerischen Früchten ein Element zu haben, das gewisse Straffheit im Strich besitzt. Die eleganten Linien sitzen schwungvoll auf den hellblauen Blättern und vermitteln einen sehr transparenten Eindruck. Dazu kommen die in Braun gehaltenen Staubgefäße, die gleichsam in der Blüte »perlen«. Auch hier sollte das tiefe Blau der ersten Anlage weiter wirken und nicht zugemalt sein.

5. Hier nun geht es ans Blattgrün. Es ist nicht viel einzubringen, aber die wenigen Pinselstriche sollten richtig sitzen. Die fleischigen Blätter dürfen nicht mit massivem Grün zugemalt werden, sondern werden nur an den sich wölbenden Rändern betont. Zu knallig wirkende Töne sind zu brechen, um ein dezenteres Grün zu bekommen. Durch den blauen Untergrund wirkt es ohnehin schon recht kühl, und so ist es besser, einen hell-oliv-gelblichen Ton zu nehmen.
Rippen oder Stiele sind größtenteils schon in Blau gemalt und werden nicht noch einmal nachgezogen. Wenn es doch nötig sein sollte, wird mit einer erdigen Zeichenfarbe gearbeitet, wie zum Beispiel Maron oder dem dunklen Chromoxidgrün.
Die Durchzugsblümchen benötigen nur einige kleine Wischer mit dem Zeichenpinsel. Mit fein gepunkteten Druckern hat man bei den recht winzigen Flächen schnell wirkungsvolle Effekte. In meinem Beispiel sind es stilisierte Tausendschönchen. Die kleinen Blättchen der Streublümchen werden mit lichtem Ocker lasiert und keinesfalls weiter ausgezeichnet.

44 Dieser fertige Teller braucht keine weitere Gestaltung der Tellerfahne oder eine Ränderung: er ist in der Ausgewogenheit der Anordnung perfekt.

6. Hier sehen wir nun die fertige Malerei gebrannt und noch mit etwas Gold dekoriert. Da bei diesem Teller bereits das Durchbruchdesign viel Randwirkung bringt, reicht ein dünner Goldfaden um das Motiv und der klassische Rand außen am Teller.
Der Farbbrand erfolgt bei ca. 830 °C, und Sie können danach alle notwendigen Korrekturen einmalen, sollte sich im Ofen eine größere Veränderung ergeben haben. Ein zweiter Farbbrand ist hierbei kein Problem. Beim weiteren Üben in dieser Technik sollten Sie natürlich andere Blumen und Obstsorten in Angriff nehmen, um ein breites Motivspektrum kennen- und malen zu lernen. Behalten Sie die Komposition vorerst bei und wechseln Sie lediglich die Früchte und Blumen aus. Wenn Sie dann mehr Routine haben, können Sie ruhig größere Formen nehmen und auch größere Früchte ausprobieren.

Diese Technik muß natürlich nicht auf die floralen Motive beschränkt bleiben! Man kann in dieser Malweise durchaus auch Landschaften oder Portraits malen. Um die farbliche Gesamtwirkung vorab zu testen und zum besseren Kennenlernen empfiehlt sich die Arbeit auf Papier, bevor man zum Scherben wechselt. Sie können mit Aquarellfarbe diese Maltechnik sehr gut nachempfinden und schulen Ihr Können, bevor es mit den Zwischenbränden dann ernst wird. Legen Sie genauso erst hellblau an und arbeiten dann alle Details farbig aus.

45 Eine weitere Blütenkomposition für die gemischte Unterglasur- und Aufglasur-Technik. Testen Sie vor Arbeitsbeginn einige Varianten mit einer aquarellartigen Zeichnung auf Papier, um die Wechselwirkung von Blau-Bunt besser abschätzen zu können. In der Blauanlage erhalten alle Blumen kobaltblaue Schatten, die dann nach dem Glasieren (auf Porzellan) mehr oder weniger stark lasiert werden.

DEN ZUFALL NUTZEN: LÜSTERDEKOR

Moderne Dekore erfahren eine oftmals interessante Aufwertung, wenn man kleine, durch Zufall entstandene Details mit in die Gesamtwirkung einbezieht. Das heißt, wir arbeiten unscheinbare Zufälligkeiten bewußt mit aus, anstatt sie zu korrigieren oder auszuwischen. So kann aus einer verschwommen gebrannten Kontur an einem Blattrand ein hochinteressanter Blattumschlag werden, wenn man ihn nur mit in die Gesamtwirkung einbezieht.
Oft sind es sogar die »Wischer«, die einem Sujet den besonderen Kick geben. Besonders wenn man im Akkord arbeiten muß, tauchen solche ungewollten Details im Zeitdruck schnell einmal auf. Sie zu nutzen, muß allerdings auch gelernt sein, denn der Manufakturmaler sollte schon wissen, was aus einer teilweise recht skurrilen Form für eine Bewegung abzuleiten ist. Bei unserer Arbeit jedoch, wo kein Werkstattmeister mit der Stoppuhr im Hintergrund steht, wollen wir die Zufälligkeiten bewußt nutzen und sie sogar provozieren. Man kann nämlich diese interessanten Stellen im Motiv auch planen und dann mit viel Phantasie ausarbeiten. Besonders die Ihnen sicher bekannten Lüsterfarben ergeben nach dem Brand die abenteuerlichsten Nuancen und, mit Marmorlösung behandelt, ausgefallenste Strukturen. Mit Aufsetzweiß, Reliefpulver und Gold lassen sich weitere Spezialeffekte erzielen.

Wichtig ist hierbei, daß Sie sich zunächst einmal mit der Lüstertechnik vertraut machen. Diese wäßrigen Farben, die im Vergleich zu den Aufglasurfarben eher nur auflasiert werden, reagieren jedesmal anders und ergeben ständig neue phantastische Maserungen und Strukturen. Wenn Sie diese Farben einmal ausprobieren wollen, testen Sie auch gleich die Mischbarkeit verschiedener Töne. Einzeln gemalt, haben die Lüsterfarben einen eher kitschigen Beigeschmack, da sie sehr an Perlmuttnippes erinnern. Sie sollten deshalb für die moderneren Blumendekore den Marmorlüster verwenden; er bildet von allein sehr schöne Marmorlinien und sieht beim Einsetzen in bestimmte Blattformen sehr gut aus.
Außerdem gibt es die Kupferlüster, die einen metallischen Effekt ins Bild zaubern können. Stellen Sie sich nur einmal eine Kupferlilie auf schwarz glasiertem Porzellan vor, die noch mit Aufsetzweiß akzentuiert wird!
Aber gehen wir der Reihe nach vor. Auf Seite 52 sehen Sie ein Teegedeck, das mit einem beliebigen Dekor verschönt werden sollte. (Ich arbeite bei solchen Dekoren übrigens oft so, daß zu Beginn der Arbeit das eigentliche Muster noch nicht feststeht.) Zunächst habe ich lediglich weiche Linien vorgegeben (Abb. 46), die dann mit Reliefpulver verstärkt wurden (Abb. 47). So erhalten Sie, auch plastisch, eine Grundorientierung, an der sich alle anderen Details ausrichten. Zu diesem Relief setze ich dann in breiten Pinselwischern verschiedene Lüstertöne, die im Ton zum späteren Gesamtausdruck passen sollten. In unserem Beispiel ist das eine purpurviolette Tönung (Abb. 48).
Bis zu diesem Punkt hat das Muster noch keinen Namen oder eine feste Dekorbezeichnung. Erst jetzt, beim Einfügen der ersten Blütenstrukturen, bildet sich langsam ein Gesamteindruck, der durch immer neue Einzelheiten das Bild abrundet. In unserem Beispiel habe ich hier und da erste Röschenblüten in Purpur eingesetzt und feine Blättchen und Schnörkel angedeutet. Es werden hier auch schon vereinzelte Goldsegmente eingebracht, die später noch wesentlich ausgiebiger behandelt werden.

Nach diesem Arbeitsgang empfiehlt sich ein Zwischenbrand, um die Farben erstmals miteinander reagieren zu lassen. Die Lüster sind vor dem Brand bekanntlich braun, das Gold ist schwarz, und auch die Purpurtöne der Metalloxide sind noch nicht leuchtend. Erst wenn das Stück aus diesem ersten Feuer kommt, ist ein gutes Weiterarbeiten möglich, da wir jetzt die endgültige Farbwirkung vor Augen haben und nun besser voranschreiten können.
Eine gegliederte Schritt-für-Schritt-Folge zu nennen, wäre sicher falsch, weil es die so gar nicht geben sollte. Es werden »einfach« an allen sich bietenden Punkten immer mehr Feinheiten eingezeichnet. Man kann dünne Linien um ganze Farbfelder ziehen oder auch Strukturen in andere Flächen einmalen. Vieles dabei kann Ihrer ureigenen Phantasiewelt entspringen und muß kein Vorbild in der Natur haben – wenngleich es zu empfehlen ist, sich Maserungen und Strukturen von Holz oder Kristallen anzusehen und einfließen zu lassen. Achten Sie nur darauf, daß nicht die ganze Weißfläche zugemalt wird. Dann nämlich geht der Porzellancharakter des Stückes verloren, und man hat den Eindruck, die Tasse wäre aus ganz anderem Material.
Wenn Sie den farbigen Part erledigt haben, können Sie nochmals mit den plastischen Reliefpulvern für Erhöhungen im Motiv sorgen. Meist sind die ersten Lagen dieser Farben im Zwischenbrand etwas flach zerlaufen und haben von ihrer Plastizität verloren. Jetzt – vor dem abschließenden Farbbrand – kann man kleine Äderchen oder auch stärkere Ästchen nachträglich betonen.

Eine andere Variante, mit Zufälligkeiten zu arbeiten, ist die, vor der eigentlichen Malerei zunächst den Malgrund recht interessant mit dem sogenannten Absprengpulver zu »beleben«. Dabei wird das Pulver cremig gespachtelt und dann ziemlich wahllos auf der Glasur des zu dekorierenden Gegenstandes aufgetragen. An diesen Stellen wird im Brand nachher die Glasur aufgerissen und, wie der Name schon sagt, abgesprengt. Dabei entstehen die tollsten Risse und Unregelmäßigkeiten auf der Oberfläche, die man sich nur wünschen kann. Sie bieten uns eine Vielzahl von Möglichkeiten: Sie können eine stilisierte Felslandschaft mit Goldadern entstehen lassen wie auch einen Riß im Teller, aus dem eine wunderschöne Schwertlilie wächst. Der Phantasie sind keine Zügel mehr angelegt, und wir können, im Gegensatz zur braven Manierdekoration, völlig frei und aus dem Bauch arbeiten.
Bei Wandtellern und -bildern können Sie auch großartige Mischtechniken erproben. Auf die interessant gestaltete Malfläche können neben Gold, Platin, Relief völlig neue Dekorelemente aufgetragen werden. So lassen sich zum Beispiel in stilisierte Unterwasserlandschaften auch sehr gut Glas- oder Kristallteile integrieren, die phantastische Eindrücke ergeben: etwa die aufsteigenden Luftbläschen, die ein bunter Korallenfisch abgibt.
Wenn Sie die Farben zu absolut unkontrollierten Bewegungen und Strukturen veranlassen wollen, sollten Sie die recht fettig aufgetragenen Farbschichten einmal mit Spiritustropfen in alle Richtungen auseinandertreiben lassen. Auch wenn der Sprit von oben nach unten über eine sehr locker angelegte Fondfläche läuft, sind absolut unvorhersehbare Muster die Folge, die dann mit Absprengpulver noch mehr strukturiert werden können.

46–48 Moderner Mischdekor auf einem Teegedeck (Beschreibung im Text Seite 50 f.)

46 Hier wurden erste Lüsterwellen in loser Folge aufgetragen. Zu beachten sind allein die richtigen Farbtöne.

47 Nach und nach werden erste Goldelemente (schwarz), Marmorierlösung und auch Reliefpulver aufgetragen. Deuten Sie auch schon erste Blätter an.

48 Mit Aufglasurfarbe werden nun auch die Röschen und vereinzelte Ästchen eingemalt. Anschließend zum ersten Mal zwischenbrennen!

49 Im Feuer haben die Farben nun ihr endgültiges Aussehen erhalten. Man kann jetzt Feinheiten und Strukturen der Lüstermarmorierung nachzeichnen.

50 Auch die Goldpartien des Motivs werden vollendet und an einigen Stellen verstärkt, an denen sie im ersten Brand etwas dünn lagen.

51 Das fertige Stück nach dem Brand von etwa 780 °C. Mehr Hitze sollte man den Lüsterfarben nicht zumuten. Zuletzt wird das Gold schön glanzpoliert.

Für einige Maler kann es allerdings zum Problem werden, wenn es darum geht, aus der sehr unruhigen, mit zufälligen Maserungen übersäten Fläche ein dekoratives Muster zu entwickeln. Vielen fehlt einfach die nötige Vorstellungskraft. Ich für mein Teil warte grundsätzlich den letzten Brand ab und schaue, was sich ergeben hat. In den entstandenen Formen sind Blumen, Tiere, Fabelwesen oder auch Landschaften zu entdecken. Erst dann arbeite ich erste Klarheiten heraus und gehe ins Detail.

Sie können natürlich auch ganz bewußt Felder aus den angelegten Lüsterfeldern herauswaschen, in die Sie dann mit Aufglasurfarbe spezielle Dinge hineinmalen oder mit Edelmetallpräparaten aufsetzen. Vorbedingung ist hier aber ein klarer Entwurf von Anfang an; Zufälle sind nur bedingt erlaubt, da ja alles schon irgendwie vorgegeben ist.
Lüsterfarben wirken auch sehr gut, wenn Sie sie in fertig gezeichnete Felder einsetzen – also nicht weich verarbeiten. Viele Bilder, die grafisch gehalten sind, haben klar gezeichnete Blattformen, die man gut mit Lüster auslegen kann, während gleich im Nachbarblatt naturalistisches Grün anzutreffen ist.
Am besten lösen Sie sich nach dem Grundstudium der Manufakturtechnik – gleich welcher Firma – von jeglichem Vorbild, um auf die Suche nach einem eigenen Stil zu gehen. Sitzt Ihr Handwerk technisch, müssen Sie nicht auf ewig einer bestimmten Stilrichtung treu bleiben. Es sei denn, Sie sind ausgesprochener Meißen-, Berlin- oder Herendfan, dann können Sie sich natürlich speziell in Ihrer Wunschrichtung vervollkommnen. Die modernen Blumenmalereien hingegen sind sehr frei, und man kann viele andere Techniken miteinfließen lassen.

Ein Meister im Mischen verschiedenster Dekorelemente auf Porzellan ist der Schweizer Maler Peter Faust. In seinen Bildern, von denen ich erfreulicherweise viele in diesem Buch zeigen kann, sehen wir sehr gut, wie vielseitig und völlig eigenständig man sich entwickeln kann, wenn man sich loslöst von bestimmten Manufakturschemen und vorgegebenen Malmustern. Die für dieses Buch ausgesuchten Blumenbeispiele stecken voller Details, die wir oft erst beim näheren Hinschauen entdecken. Für uns im Hobbybereich können diese vielseitigen Plattenmalereien enorm anregend sein. Sie können studieren, wie man eine Blume aus der Maniermalerei umsetzt und welche Malstile sich dafür anbieten. Sie werden bei ihm vom feinsten Kupferstichstrich bis hin zum breiten, weichen Pinseldrucker alles finden, womit man Bildabschnitte interessant gestalten kann. Diese Vielfalt ist es auch, die seine Motive so brillieren läßt und nicht nur Porzellanmalfreunde anspricht.
Sehr oft zeigen sich in den Bildern von Peter Faust auch wohl dosierte goldene Details. Oft nur als Linien, Konturen oder Rippen auf Blättern, aber auch als massive Bänder, Ornamente oder auch ganze Blumen. Dazu kommen neben den Lüster- die Aufglasurfarben in all ihrer Vielfalt und auch die Aufsetzfarben oder Relieffarben. An dieser Stelle die Arbeitsweise näher zu betrachten, hieße, den hier gesetzten Rahmen zu sprengen. In P. Fausts Arbeiten werden so viele Schritte nacheinander vollzogen, daß eine Erläuterung den Hobbymaler überlasten würde – auch den Geübten! Nur soviel vielleicht: Es werden mehrere Zwischenbrände eingelegt, die Verwendung von Abdecklack wird groß geschrieben, und zarte Nuancen werden nach und nach aufgelegt. Die Zeichnungen bedeuten wohl den größten Arbeitsaufwand, und es ist leicht zu erkennen, wie an manchen Stellen ganze Flächen zusammengestrichelt wurden. Auch sehr fein punktierte Stel-

len sind zu finden und lassen den Aufwand erahnen. Vergessen Sie aber nicht, daß der Maler hier all seine Erfahrung aus vielen Jahren einfließen ließ und Sie im Hobbybereich nicht gleich mit dem Schwierigsten beginnen sollten.

Es reicht für den Anfang schon, wenn Sie beispielsweise einmal eine Tulpe in feinem Violett vorzeichnen. Alle Konturen der Blüte, der Blätter und des Stiels werden klar in die Bildfläche gesetzt. Bitte noch keine Feinheiten wie Äderungen oder Rippen malen! Danach empfiehlt sich für Anfänger oder Vorsichtige ein erster Zwischenbrand.

Anschließend bringen Sie die Lüsterfarben Ihrer Wahl in die Blütenblätter ein. Wenn es etwas lebendiger sein soll, nehmen Sie die Marmortöne, die die Blüte angenehm verfremden. In den Stiel und die Grünblätter setzen Sie diesmal eine glatte Goldfläche. Verwenden Sie das normale Poliergold, das Sie für Ränder benutzen. Schließlich können Sie jetzt noch den Hintergrund mit einer passenden Aufglasurfarbe dekorieren. Wie genau, liegt ganz bei Ihnen. Danach wandert das Stück wieder in den Ofen und kann anschließend fertiggestellt werden. Unter Fertigstellen verstehen wir das Einbringen von Farbpunkten in die Lüsterblätter oder auch das Polieren des Goldes. Sie können in die Goldblätter übrigens auch mit dem Achatstift feine Mittel- und Querrippen eingravieren. Wenn Sie erst einmal an ein kleines Beispiel herangehen, läßt sich für Sie besser abwägen, in welcher Größe Sie in Zukunft in diesen Mischtechniken arbeiten möchten.

Eine weitere Variante wäre beispielsweise, wenn Sie vor jeglicher Farbe zunächst mit Abdecklack die vorher aufgezeichneten Blumen auslegen und danach einen mehrfarbigen Lüstergrund auftragen. Ist dieser getrocknet, ziehen wir den erstarrten Lack ab und erhalten so die freien, weißen Felder für die Blüten. Hier hinein zeichnen Sie nun mit feinen Linien oder auch weichen Druckern die Details der Blumen. Dies geschieht mit Aufglasurfarbe und im Ton Ihrer Wahl. Danach wird auch hier zwischengebrannt. Erst dann ausarbeiten. Scheuen Sie sich auch hier nicht, zu Beginn Motive aus dem Bildteil abzumalen, ehe Sie mit etwas Übung später eigene Entwürfe anfertigen.

ARBEITEN MIT DER AIRBRUSHTECHNIK

Um mit diesem doch recht technischen Hilfsmittel der Porzellanmalerei klarzukommen, sollte man sich Zeit für ausgiebige Versuche nehmen. Erste Proben sind ohnehin besser auf Papier zu machen, da dort Fehlversuche nicht so tragisch sind, als wenn man mit vielen vergeblichen Zwischenbränden experimentiert.
Das Verfahren findet seit vielen Jahren vor allem im grafischen Bereich (Design, Werbung) Anwendung. Es werden Druckluft und Flüssigfarbe über verschiedene Wege zugeführt, um dann durch eine Düse in mehr oder weniger konzentrierter Form auf den Malgrund gesprüht zu werden. Farbstärke und Luftdruck können an verschiedenen Armaturen an Pistole oder Kompressor eingestellt werden. Das ermöglicht zarteste Fonds auf Tellerrändern, aber auch gleichmäßige Ganzdekorationen, wie man sie auch mit vorsichtigstem Stupfen nicht hinbekommt. Darin besteht wohl der größte Vorteil dieses Arbeitsmittels. Durch Abdecken mit Lack und Folien sind haarscharfe Abgrenzungen möglich, welche kein Profi in der Porzellanfabrik besser machen könnte.
Allerdings stellt sich das Gefühl für gute Farbmischung und geeignete Ölkonsistenzen erst allmählich ein. Es ist ungeheuer wichtig, daß die Flüssigfarbe gut durch die Anlage fließen kann und ein einwandfreies Sprühen ermöglicht. Bei den Flüssigfarben für das Arbeiten auf Papier ist das kein Problem, da der Hersteller uns fertige Farben liefert und wir sofort beginnen können. Die Porzellan-Pulverfarben allerdings müssen zunächst in gut flüssige »Tinte« verwandelt werden, damit sie die feinen Düsen nicht verstopfen.

DIE ARBEITSMITTEL

– Die Spritzpistole

Da die Airbrushtechnik seit vielen Jahren einen großen Beliebtheitsgrad im Hobbybereich innehat, gibt es heute eine große Auswahl an Geräten. Wenn Sie in ein Geschäft für Künstlerbedarf gehen, werden Ihnen gleich mehrere Typen angeboten, die alle ihre spezifischen Vorteile haben. Die einen sind für äußerst feine Arbeiten gut, andere wieder sind unverwüstlich und eher zum Lackieren von Motorhauben geeignet. Lassen Sie sich daher von einem Fachverkäufer beraten, bevor Sie sich zum Kauf entschließen. Erklären Sie ihm, daß Sie beabsichtigen, mit Porzellanfarben zu arbeiten, und daß diese mitunter auch etwas körnig sein können. Er wird Ihnen dann die geeignete Düsenstärke anbieten. Das läßt uns schon ahnen, daß der Körnigkeit der entsprechenden Farben eine große Bedeutung zukommt. Nicht jedes Gerät kann hier verwendet werden, doch gibt es auch speziell solche für Künstler, wobei die Strich- oder Düsenstärke verstellbar ist.
Ich selbst arbeite seit langer Zeit mit der Düsenstärke 0,25 mm – 0,5 mm, die mir alle im Porzellanbereich nötigen Linien- und Flächenarbeiten ermöglicht. Achten Sie auch auf die Handlichkeit der Pistolen! Nicht alle liegen gut in der Hand und gestatten ein zügiges Arbeiten.

– Der Kompressor

Der Kompressor liefert uns die nötige Druckluft. Auch bei diesem Arbeitsmittel werden Sie eine Vielzahl an Geräten im Handel finden. Oft sind Pistole und Kompressor gleich zusammen zu haben und aufeinander abgestimmt. Unterscheiden werden sich die Geräte in ihrer Leistung. Je nach Notwendigkeit erzeugen sie mehr oder weniger Druck. Es macht schon einen Unterschied, ob Sie recht dickflüssige Farben oder dünne Lasuren auftragen wollen. Je nach Arbeitsgang brauchen wir mal mehr, mal weniger Druck, der die Farbe zerstäubt.

An vielen Apparaten können Sie den Druck auch stufenlos regulieren und somit selbst den Druck auf den Farbfluß einstellen. Da Porzellanfarben eine recht massige Konsistenz durch ihre Metalloxidkörnchen haben, ist bei unserer Arbeit schon etwas kräftigere Druckluft erforderlich als beispielsweise bei dünnen Wasserfarben. Wieviel Bar (Druckluft) ein Kompressor liefert, erfahren Sie bei der Verkaufsberatung. Gut ist es, wenn das Gerät einen Grunddruck im Druckluftkörper speichern kann und Sie dann an einem Stellventil eingeben können, wieviel Sie für den jeweiligen Arbeitsschritt brauchen. Es gibt durchaus Unterschiede der Farben im »Sprühverhalten«. Mein Kompressor beispielsweise kann im Lufttank 10 Bar aufnehmen. Ich drehe beim Arbeiten dann meist ca. 5 Bar auf, um zu malen.
In einigen Läden werden Sie auch Druckluft in der Spraydose angeboten bekommen. Diese Variante ist für unsere Absichten weniger geeignet, da es nur ein geringer Vorrat ist, der auch unverhältnismäßig teuer abgegeben wird.

52 Mit dem Glasläufer werden die Farbkörnchen sehr intensiv ins Öl »gemahlen« und ergeben genau die Cremigkeit, die wir für die Verwendung der Farbe in der Spritzpistole brauchen.

– Der Luftschlauch
Er wird zu den meisten Pistolen als Zusatz angeboten. Es empfiehlt sich jedoch, einen separaten zu kaufen, da die Grundtypen fast immer sehr kurz gehalten sind und ein richtig freies Arbeiten nicht erlauben. Kaufen Sie einen 3-4 Meter langen, klaren PVC-Schlauch, mit dem Sie auch gut um eine größere Vase auf der Drehscheibe herumreichen können. Der Anschluß an Pistole und Kompressor erfordert etwas Geschicklichkeit und Sie sollten sich dabei entweder vom Fachverkäufer oder einem handwerklich geschickten Freund helfen lassen. Ein gut abgedichteter Schlauch ist sehr wichtig beim Arbeiten mit Druckluft.

– Der Arbeitsplatz
Hier muß, mehr als beim üblichen Malen auf Porzellan, größte Sorgfalt auf Luftabzug und Frischluft gelegt werden. Der feine Farbnebel, der ja teilweise auch mit Lösungsmitteln versetzt sein kann, sollte möglichst gleich nach Austritt aus der Düse abgesaugt werden können. Nun kann natürlich nicht jeder Hobbymaler gleich eine professionelle Absaugkammer installieren, um einige Porzellanstücke zu dekorieren. Insofern soll uns ein offenes Fenster oder gar das Arbeiten im Freien ausreichen (in windgeschützter Lage durchaus machbar).
Unbedingt erforderlich ist aber das Tragen einer Atemschutzmaske, die es für Lackierarbeiten zu kaufen gibt. Es gibt auch hierbei verschiedene Varianten.
Achten Sie beim Kauf auf feinporige Filter in den Masken, die auch mikrofeine Partikel beim Einatmen aufnehmen.
Den größten Ausstoß an schädlichen Substanzen aus der Pistole haben wir beim Reinigen zwischen den einzelnen Farbgängen. Es ist unumgänglich, die Terpentin-Farbrückstände aus der Pistole mit Spiritus herauszuwaschen. Das ergibt natürlich zusammen mit den Farbnebeln eine äu-

ßerst gefährliche Atmosphäre in Ihrem Arbeitsbereich, und Sie müssen unbedingt auf viel Frischluft achten. Am besten wird man beim Arbeiten immer zurechtkommen, wenn der zu bemalende Gegenstand direkt vor dem geöffneten Fenster dekoriert wurde. Gut hat es auch, wer einen größeren Raum zur Verfügung hat, in dem noch dazu wenig Luftbewegung zu finden ist (Staubgefahr!). Schließlich rate ich sehr zum Tragen von Gummihandschuhen, um nicht ständig die Hände dem Farb-Öl-Spritznebel auszusetzen. Jeder geübte Maler weiß, wieviel Mühe es kostet, Porzellanfarbe mit Reinigungsmitteln von den Händen zu waschen.

– Die Malmittel

Für die Airbrushtechnik müssen Sie sich keine neue Farbpalette zusammenstellen. Die meisten Farben, die Sie in Gebrauch haben, lassen sich bequem für die Spritzpistole verwenden. Allerdings müssen Sie einige aussortieren, weil sie zu grobkörnig sind. Spätestens beim Sprühen werden Sie merken, wie die eine oder andere Farbe nicht zügig genug durch die Düse fließen kann. Es ist an dieser Stelle schwer möglich, Ihnen bestimmte Farben zu empfehlen, da sich bedingt durch die chemische Beschaffenheit der Farbkörnchen und durch unterschiedlich gute Farbaufbereitung der Hersteller keine Statistik aufstellen läßt. Allerdings können Sie viele Farben, die zu grob und nicht optimal gemahlen in den Handel kommen, selbst verfeinern. Dies geschieht mit einem einfachen Glasläufer, der zum Farbe Aufspachteln benutzt wird. Sie können mit diesem Glaskörper (siehe Abb. 52) den Farbbrei auf einer großen Glasplatte nachträglich feinmahlen. Dieses Hilfsmittel ist übrigens weit besser geeignet, größere Farbmengen aufzubereiten als der Metallspachtel. Sie erhalten mit dem Läufer, kreisförmig arbeitend, eine geschmeidigere Konsistenz. Durch den Zusatz langsam trocknender Öle bekommen Sie den richtigen Farbkörper für die Spritzpistole. Je nach Dauer der Anwendung zerreibt der Glasläufer zudem noch größere Farbkörnchen. Ja es gibt sogar angerauhte Glasplatten, die beim Mahlen kleinste Glassplitter abgeben, die als feines Flußmittel wirken. Wenn eine Grundfarbe auch nach längerer Bearbeitung mit dem Glasläufer gröbere Körnchen aufweist, sollten Sie die Farbe entweder entsorgen oder dem Hersteller zur Nachbehandlung zurücksenden.

Ein paar Worte auch zu den Malölen, die für eine gute Farbflüssigkeit nötig sind. Beim Druckluftspritzen muß die Farbe sehr fein und in der richtigen Mischung zum Öl behandelt werden. Da Arbeitsgänge mit der Pistole in der Regel länger dauern, sollte die Farbe auch längere Zeit frisch bleiben und nicht zu schnell am Scherben antrocknen, da wir sonst bei Flächendekoren keine gleichmäßig ruhigen Töne erzielen. Das ist besonders beim Erstellen von Fondflächen wichtig. Deshalb benötigen wir hierbei Öle, die recht langsam oder auch gar nicht abtrocknen. Nelkenöl, Konturenöl, das sonst fürs Federzeichnen verwendet wird, aber auch Malmedium, welches nach etwa drei Stunden erst trocknet, sind hierfür geeignet. Für Unterglasurfarben kann auch Glyzerin Verwendung finden, was allerdings nur wenige Maler betreffen dürfte, da Unterglasurmalerei im Hobbybereich sehr selten ist. Ansonsten brauchen wir natürlich noch unsere Grundöle Terpentin und Dicköl. Sie bilden die Basis, um dann mit den anderen abgestimmt zu werden.
Ein weiteres, wichtiges Arbeitsmittel ist der Spiritus, mit dem nach jeder Farbverwendung die Pistole gereinigt werden muß. Dazu werden auch größere Mengen benötigt, da jedes kleine Farbrestchen aus dem Farbgang des Airbrushgeräts gewaschen werden muß (besonders wichtig, wenn man von einer dunklen zu einer hellen Farbe wechselt!). Legen Sie sich fürs Auswaschen

recht viele alte Textillappen bereit, in die Sie die Reinigungsflüssigkeit hineinsprühen können. So wird der Spritnebel auch gleich konzentriert aufgefangen, bevor er sich in Ihrem Arbeitszimmer breit machen kann.

– Die Airbrushfolie

Um diejenigen Flächen, die *keine* Farbe abbekommen sollen, abzudecken, benötigen wir eine weiche, anschmiegsame und gut zu schneidende Kunststoffolie. Auch davon gibt es im Handel mehrere Sorten, solche für Papieroberflächen, für Stoffe und auch für glatte Flächen. Letztere ist für unsere Zwecke richtig und kann auf Glas und Porzellan gut verwendet werden. Sie ist selbstklebend und paßt sich ideal auch kurvigen Formen an (wichtig für alle Hohlteile wie Tassen, Kannen etc.). Außerdem läßt sie sich nach Gebrauch leicht abziehen, nach weiteren Farblagen wieder auflegen und verliert dabei nicht an Haftfähigkeit. Somit ist sie für viele Arbeitsgänge mehrfach verwendbar. Geschnitten wird diese Folie am besten mit einem äußerst scharfen Messer oder Skalpell. Auch diese bekommt man in guten Geschäften für Künstlerbedarf.

Besorgen Sie sich auf jeden Fall mehrere davon, denn die scharfe Schneide nutzt sich auf den harten Porzellanoberflächen recht schnell ab. Auch sollten Sie verschiedene Klingenformen haben, da jede Kontur im Motiv anders verläuft und nicht unbedingt mit gleicher Klinge gleich gut geschnitten werden kann. Wenn erhältlich, sollten Sie ein Messer mit Wechselklingen kaufen, wo jede Variante möglich ist.

– Der Abdecklack

Bei sehr kleinen und filigranen Formen empfiehlt sich die Verwendung von Abdecklack. Diese dickflüssige Masse ist eingefärbt und kann wie Farbe auf Stellen im Motiv aufgetragen werden. Beim Abtrocknen erstarrt dieselbe zu einer zusammenhängenden Folie. Nach dem Spritzen ist sie ganz leicht abzuziehen. Den Lack bekommen Sie bei Lieferanten für Porzellanmalartikel, in Hobbyläden kennt man ihn weniger.

– Das sonstige Handwerkszeug

Für die Airbrushtechnik benötigen wir neben dem bereits erwähnten Glasläufer (in verschiedenen Größen) die uns vertraute Stahlspachtel zum Farbeaufbereiten und auch das Radiermesser für Konturkorrekturen. Läufer und Spachtel sehen Sie in Abbildung 52. Was die Pinselsorten für diese Maltechnik angeht, benötigen wir ein Grundsortiment Stupfpinsel, mit denen man, falls erforderlich, in die gesprühte Farbe »wolkige« Unruhe hineinstupfen kann.

Auch von den normalen Federkielpinseln werden einige benötigt, um Details aus Flächen oder von Farbkanten »herauszumalen«. Dies ist möglich, indem der Pinsel leicht mit Terpentin getränkt wird und man dann Farbe wegnimmt. Schließlich fehlt in unserer Auflistung noch der All-Stabilostift für die Vorzeichnung.

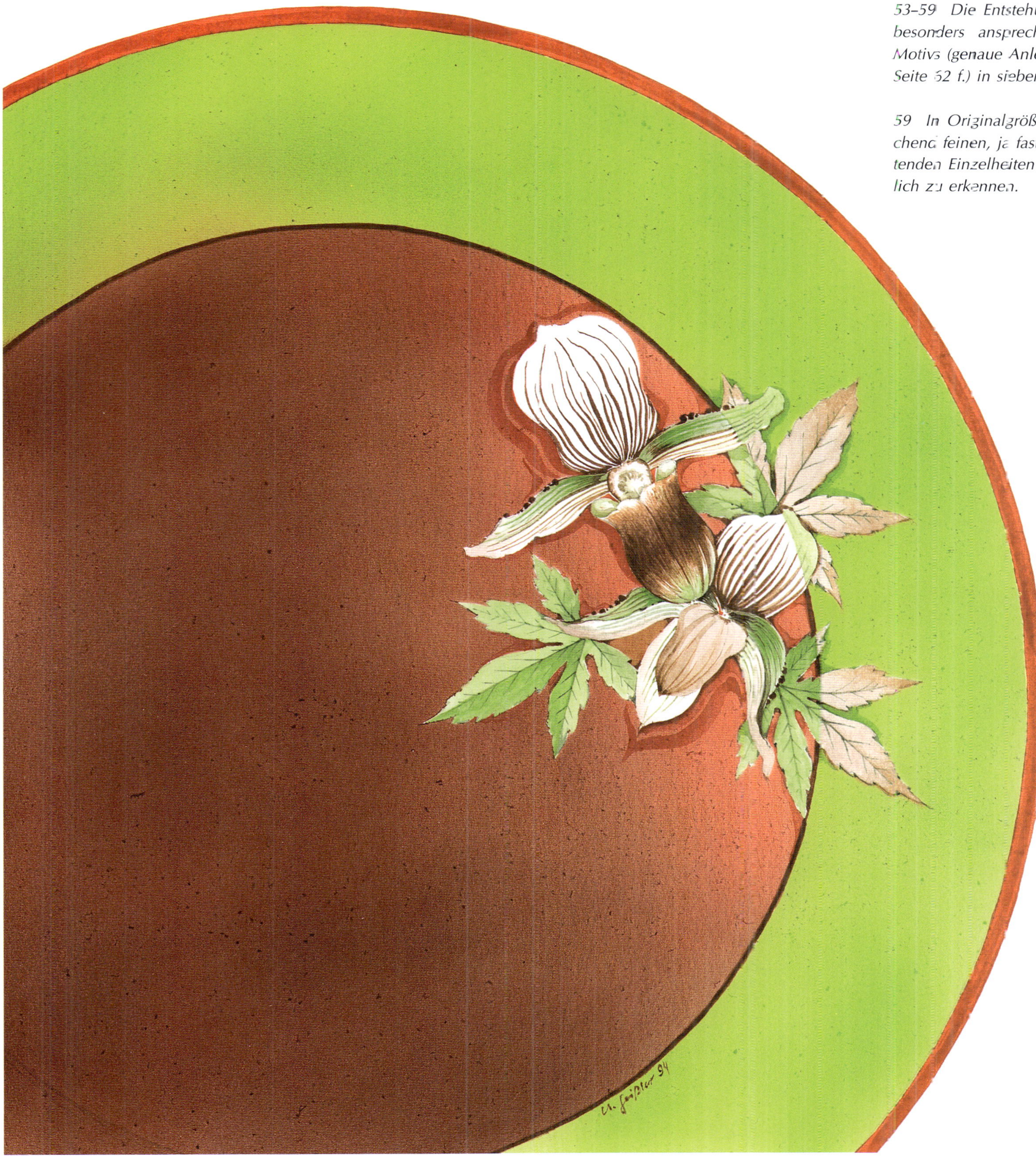

Zu Seite 60:

53–59 Die Entstehung eines farblich besonders ansprechenden Airbrush-Motivs (genaue Anleitung im Text auf Seite 62 f.) in sieben Arbeitsschritten.

59 In Originalgröße sind alle bestechend feinen, ja fast botanisch anmutenden Einzelheiten des Dekors deutlich zu erkennen.

DER MODERNE DEKORENTWURF AM BEISPIEL EINER ORCHIDEE

Bevor man die technisch sehr knifflige Motivgestaltung mit Airbrush auf Porzellan beginnt, empfiehlt sich ein Versuch auf Zeichenkarton. Lernen können Sie dabei auch genug, denn die Arbeitsschritte sind gleich. Auf Papier fallen sogar noch die zeitraubenden Zwischenbrände weg und erlauben so ein zügigeres Arbeiten. Außerdem entsteht mit der Zeit Ihr persönliches Dekorarchiv, aus dem jederzeit Anregungen zu schöpfen sind. Es macht unglaublichen Spaß, sich nach Jahren die alten Studien und Entwürfe hervorzuholen und neu zu beleben.
Ich habe mir für Sie ein Orchideenmotiv ausgedacht, das wir als Volldekor gestalten wollen. Die Blume heißt korrekt Paphiopedilum und hat eine ausgesprochen grafische Aussage. Klare Formen und filigrane Zeichnungen geben zusätzlich Eleganz.
Die Plazierung erfolgt seitlich versetzt zwischen Fahne und Spiegel und wirkt zeitlos modern. Gedacht ist dieser Teller zu dem besonderen Zweck, neben der Malerei ein Dessert in kunstvoller Weise anordnen zu können.

Farblich habe ich mich sehr eingeschränkt, um die Malerei nicht zu traditionell bunt wirken zu lassen. Maron und Grün sind die Grundtöne der Blüten, und auch die gespritzten Fondflächen sind Abstufungen davon. Sie benötigen für diese Dekorvariante Aquarellfarben, eine Airbrushpistole, dazu einige Airbrush-Flüssigfarben, die Sie im Fachhandel bekommen können. Weiterhin die Airbrush-Abdeckfolie, mit der sämtliche Partien verdeckt werden, die beim Sprühen nichts abbekommen sollen. Außerdem ein kleines Skalpell fürs Folieschneiden. Die Folie ist selbstklebend und läßt sich sehr gut mit einer gerundeten Skalpellklinge bearbeiten. Schließlich fehlt noch ein fester Zeichenkarton, der die feinen Skalpellschnitte verträgt und auch die Aquarellmalerei aufnimmt, ohne wellig zu werden.

Auf Seite 60/61 sehen Sie in sieben Schritten den Werdegang des Bildes und auf Seite 61 die endgültige Fassung mit rotem Rand.

1. Das gesamte Motiv wird mit dem Stabilo äußerst korrekt vorgezeichnet und anschließend in der uns bekannten Malweise angelegt (Abb. 53). Danach wird ausgearbeitet, und es kommen alle Feinheiten hinzu, die das Bild dem Original entsprechend braucht. Alle Äderchen, Linien und Zeichnungen in den grazilen Blättern finden ihren Platz. Auch der Farbtonwert wird fast naturalistisch übernommen. Ich habe speziell diese Blüten in einem Orchideenbuch gefunden und fast unverändert übernommen. Die rechts in die Tellerfahne hineingehenden Blatteile sind in hellem Maron gehalten und zunächst glatt angelegt. Rippen und ähnliches folgen später.
Bemühen Sie sich um eine hohe Naturtreue, um die Orchideen gut wirken zu lassen. Schließlich bezieht dieses Motiv seine Wirkung aus dem Wechselspiel zwischen den naturalistischen Blumen und dem sehr ruhig und glatt gehaltenen Umfeld. (Beim Arbeiten auf Porzellan würde jetzt bereits der erste Zwischenbrand erfolgen, um das Bukett zu sichern.)

2. Nach Beendigung der Arbeiten an den Blumen wird das gesamte Motiv mit der selbstklebenden Folie abgedeckt (Abb. 54). Als erstes soll jetzt die Tellerfahne in dem warmen Grünton gespritzt werden. Dafür muß mit dem Messer die Folie entlang der Randlinien des Tellers geschnitten werden. Die seitlich hineinragenden Blätter der Orchidee müssen ebenfalls umschnitten werden, da sie ja keine Farbe abbekommen dürfen. Erledigen Sie besonders diesen Arbeitsschritt sehr sorgfältig; die feinen Zacken der Blätter müssen exakt zu sehen sein. Dann ziehen Sie, wie im Bild zu sehen, die Folie nach einer Seite hin ab und bewahren sie gut auf. Am besten klebt man

zwischen den Arbeitsschritten Folienteile an eine Fensterscheibe; das verhindert, daß sie sich verwickeln und verkleben.

3. Mit der Airbrushpistole wird nun ein gleichmäßiger Farbfilm auf die freigelegte Fläche gezogen (Abb. 55). Das Gemisch sollte nicht zu fettig angemacht sein, da das Grün zügig antrocknen soll. Achten Sie hierbei unbedingt auf Staubfreiheit am Arbeitsplatz. Besonders in so große Farbflächen setzt sich leicht Schmutz hinein, verursacht durch Luftbewegung oder offene Fenster. Ist die Farbe angetrocknet, kann zum zweiten Mal gebrannt werden (800 °C). Bei Papier muß kurz gewartet werden, bis die Wasserfarbe fest ist.

4. Hier nun sehen Sie, wie die trockene (gebrannte) Fläche wieder mit der vorher ausgeschnittenen Folie abgedeckt und nun der Tellerspiegel freigelegt wurde (Abb. 56). Das Blumenmotiv ist weiterhin abgedeckt! Streichen Sie vor Spritzbeginn noch einmal mit einem großen, weichen Pinsel über die weiße Porzellanfläche, um eventuelle Staubpartikel abzufegen. Am Folienrand drücken Sie bitte noch einmal mit dem Finger entlang, damit keine Farbe unter die Folie läuft.

5. Jetzt wird zuerst mit einem hellen Rotton um die Blüten herum ein dünner Film gesprüht (Abb. 57). Das bringt etwas Helligkeit und schafft Transparenz im Hintergrund. Ist diese helle Lasur angetrocknet, steigern wir den Maronton zur Tellermitte hin mit etwas bräunlichem Rot. Somit ist die Spiegelfläche insgesamt recht kräftig eingefärbt; nur bei den Blüten sehen wir eine Aufhellung. Nach Abschluß der Fondgestaltung lassen Sie den Teller nun bitte an einem sicheren, staubfreien Ort oder direkt im vorgeheizten Ofen gut antrocknen.

6. Auf Abbildung 58 sehen Sie nun auch das freigelegte Orchideenmotiv. Jetzt sind alle wesentlichen Grundfarben aufgetragen, und die abschließende Auszeichnung kann eingebracht werden. Mit einem Rotbraun zeichnen wir all die kleinen Details ein, die bisher warten mußten. Also Rippen, Äderungen, Blattstrukturen und anderes. Deren genauen Verlauf sehen Sie in Ihrer Naturvorlage. Zwischen grünem Tellerrand und maronfarbenem Spiegel ziehen Sie auf der Ränderscheibe noch einen feinen Faden. Ebenso versehen wir den äußersten Rand mit einem roten Band, das ruhig etwas leuchtender sein kann als das Tellerinnere.

7. In Abbildung 59 sind nun alle Zeichnungen enthalten, und wir sehen sehr gut, wie die Grünblätter durch die Rippen und Randkonturen an Aussage gewinnen. Hinter die Blüten werden schließlich noch dunkelrote Wellenschatten gesetzt, die Bewegung ins Bild bringen. Sollten Sie bei dieser Anleitung auf Porzellan gemalt haben, benötigen wir natürlich noch den abschließenden Farbbrand bei 840 °C.

ANGEWANDTE DEKORBEISPIELE

DEKORENTWURF »FLEUR ROUGE« AUF EINEM JUGENDSTILPORZELLAN

Vor etwa acht Jahren habe ich, damals noch als Dekordesigner tätig, den Auftrag bekommen, ein neu designtes Geschirr in Jugendstilmanier mit einem passenden Dekor zu versehen. Eine solche Aufgabe reizt jeden Porzellanmaler, besonders wenn er kreativ, allein der Intuition folgend, arbeiten möchte. Es ist einem ja quasi nur das weiße Geschirr vorgegeben, und sämtliche Zier der Malerei kann neu und frei entwickelt werden.
Zunächst sollte man natürlich die jeweilige Form betrachten und vielleicht ganz spontan einige Skizzen zu Form und Farbe aufs Papier werfen. Bei mir persönlich erscheint meist nach wenigen Minuten der Betrachtung des weißen Scherbens ein erstes Phantombild der Malerei, möglicherweise geht es Ihnen ähnlich. Meist ist es noch nichts Klares oder gar fest Definierbares, oft aber eine farbige Grundidee oder die losen Züge eines Motivs.
Im vorgestellten Fall des Geschirrs »Etoiles« von Goebel dachte ich ziemlich schnell an weich geschwungene Blumen, die irgendwie auf den Teilen schweben sollten. An Mohn dachte ich zunächst allerdings noch nicht. Die einzige Einschränkung, die ich bei meinen Überlegungen bedenken mußte, war die, daß das Motiv später als Druckdekor gebracht werden sollte und somit so wenig Farben als möglich beinhalten durfte, um im Druck nicht zu teuer zu werden. Das hieß für mich, mich auf nur drei Farben zu beschränken und trotzdem die bestmögliche Wirkung zu erreichen. Da das Geschirr in Bone China gefertigt war – und somit ohnehin bereits die typisch schimmernde elfenbeinfarbene Glasur hatte –, war es nicht so schlimm, daß nicht mehrfarbig gearbeitet werden konnte, denn auf ebendieser Glasur nehmen sich einfarbige Motive recht gut aus.
Zuerst mußte nun der Blumentyp gefunden werden. Elfenbeinfarbige Oberfläche? Dazu konnte keine blaue oder kühl-violette Lilie passen, es sollte schon eine rötlich-gelbe warme Farbe sein. Mohn, Malven oder Tulpen hatte ich in die engere Wahl genommen und mich letztlich für den anmutigen Feldmohn entschieden. Recht stilisiert zwar, aber weich zur Form und Grundbewegung passend. Ihn dreifarbig zu zeigen, sollte eigentlich kein Problem darstellen; doch wollte ich ihn gern noch etwas modern verfremden und entschloß mich, das Blattgrün in ein zartes Blaugrau abzuwandeln. Reines Gelbgrün wäre wohl auch vom farblichen Eindruck her zu bunt geworden. Wie sich später zeigen sollte, war dieses Grau genau die richtige Wahl gewesen.
Das sonst in der Natur knallig rote Gepränge des Mohns wurde auch etwas gemildert. Mit einem eher weich orangefarbigen Ton ging die Blume eher auf die Glasur ein. An den hellsten Stellen der Blüten wurde gar ein unmerklicher Übergang zum Glasurgelb geschaffen.
Die Anordnung auf dem Scherben bereitete mir wenig Probleme. Die gewölbten Elemente an den Tellerrändern erlaubten ein gutes Plazieren. Der Schwung dieser Reliefs wurde fortgeführt und mit der Blüte ins Innere der Flachteile gezogen. Da auf den kleineren Hohlteilen nicht genug Platz war, ließ ich bei diesen einfach das Grün weg und setzte die Blüten einzeln auf die weiße Fläche. Es war wichtig, die Mohnblüten überall gleich groß zu zeigen und sie nicht etwa für die Zuckerdose zu verkleinern, nur weil sie weniger Malfläche bot als beispielsweise ein Kuchenteller. Schließlich wirkt der Dekor erst so richtig, wenn die gesamte Kaffeetafel eingedeckt ist und überall gleichgroße Blüten prangen.

Sie können auch erkennen, daß die Linienführung auf mehreren Stücken gleich ist. Das trägt gleichfalls zur Geschlossenheit des Services als Ganzes bei und hatte später noch den Vorteil, daß man das gleiche Druckbild auf mehrere Gegenstände bringen konnte.

60, 61 Dekor »Fleur Rouge« von Uwe Geißler. Die zartroten Mohnblüten nehmen die weich geschwungenen Formen und markanten Reliefkonturen des Services wieder auf.

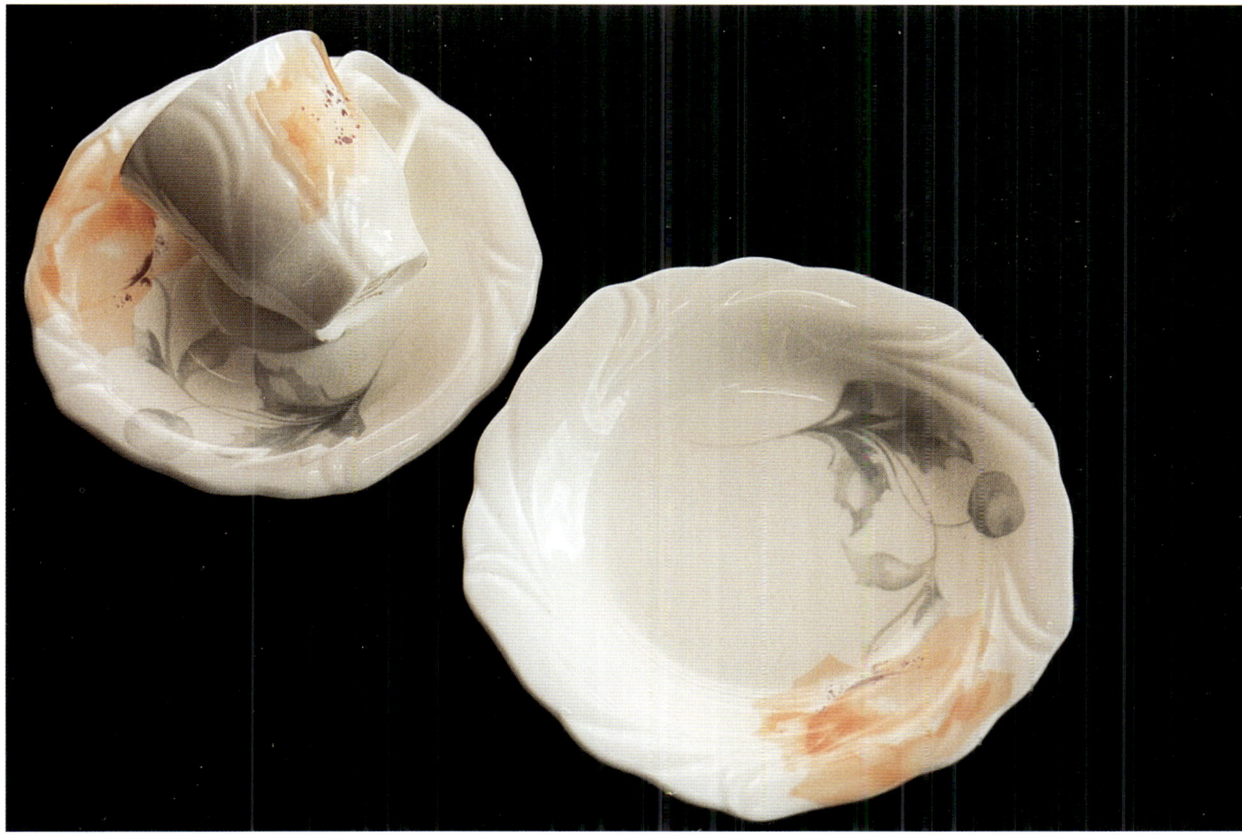

Wenn Sie den Dekor »Fleur Rouge« einmal ausprobieren wollen, sollten Sie sich die dafür nötige Mohnvorlage zunächst nach einem guten Vorbild anfertigen. Bei eigenem Naturstudium sind die zu erwartenden Ergebnisse natürlich wieder die besten und lehrreichsten. Sie können natürlich auch die Blumensorte wechseln und mit völlig anderen Arten »spielen«. Nur weich fließende Linien müssen es wieder sein, da sonst nicht dieser bewegte Eindruck entsteht. Ich könnte mir durchaus auch Lilien in Gelb, Papageitulpen in Rot oder auch den Federmohn in Purpur vorstellen.

Gearbeitet wurde übrigens aus der Lochpalette Naß in Naß und ohne (den unnötigen) Zwischenbrand. Bei dieser weichen Bone China-Glasur ist jeder Brand zuviel schädlich. Sie wird sehr schnell weich, und man sollte den Farbbrand bei höchstens 760 °C durchführen. Die Farben sinken bereits bei dieser Temperatur genügend in die weiche Glasur und werden schön soft im Ausdruck. Jeder höhere Brand birgt die Gefahr des »Weglaufens« der Linien und macht das Motiv unansehnlich.
Andererseits kann man bei anderem Porzellan gewollt höhere Brände dazu nutzen, verschwommene Motive zu malen, die bewußt weich und wäßrig aussehen sollen. Ich habe das besonders bei Schneelandschaften in Weihnachtsdekoren angewandt. Oder Sie nützen das Verfahren für ein Seerosenmotiv, das auf Weichporzellan sehr gut aussehen kann.

NATURALISTISCHE FRÜCHTE IN MODERNER AUSFÜHRUNG

Man muß natürlich nicht notwendigerweise alle Motive in der modernen Dekoration stilisiert darstellen. Auch naturalistisch gezeigte Teile können sehr gut in modern gedachte Kompositionen eingebaut werden.
Ein Beispiel hierfür habe ich Ihnen im folgenden Dekor gemalt. Vor mir stand zunächst eine ziemlich »altmodisch« anzusehende Teetasse, bei der die Tasse selbst interessant seitlich versetzt in der Untertasse stand. Das lud einerseits geradezu zu einer ausgefallenen Bemalung ein. Die naturalistischen Kirschen boten sich an, da ich kurz vorher Kirschstudien nach der Natur gemacht hatte. (Man könnte sicher genauso gut Brombeeren, Hagebutten oder Holunder nehmen.)
Zuerst machte ich mir Gedanken über die Komposition. Sicher hätte man die typische Grundanordnung nehmen und auf Ober- und Untertasse das kleine Kirschbukett setzen können. Aber das ist wenig kreativ und verlangt wahrlich nicht viel eigene Idee. Also beschloß ich, die Untertasse ziemlich unberührt zu lassen und das Hauptaugenmerk auf das Trinkgefäß zu legen, den Gegenstand also, den der Betrachter ja auch in die Hand zu nehmen gewohnt ist, wenn er das Porzellan benutzt.
Aber statt wie üblich die Malerei auf die Außenseite zu setzen, legte ich die Kirschen, wie zufällig gestreut, ins Tasseninnere. Und zwar ohne irgendeine Anordnung, sondern wild durcheinanderpurzelnd. Diese Variante erzielte meiner Meinung nach eine ungemein frische, fruchtige Wirkung, und man konnte sich schon beim Aufzeichnen vorstellen, wie die Kirschen später im Tee »schwimmen« würden (Abb. auf Seite 68).
Doch verfahren wir wieder der Reihe nach:

Abbildung 62: Hier sehen Sie, wie die Früchte Stück für Stück zunächst aufgezeichnet werden, um sie dann mit verschiedenen Rotstufungen anzulegen. Benutzen Sie bitte Hellrot, Blumenrot, Maron, Dunkelviolett und etwas Ocker mit Blau. Achten Sie darauf, daß alles zufällig wirkt. Niemals Kirschen parallel anordnen oder farblich gleiche Früchte aneinanderlegen. Die schwarzen Kirschen gut gemischt in der Tasse verteilen. Das lockert enorm auf.
Gestalten Sie auch die weißen Lücken zwischen den Früchten bewußt unruhig. Jede Lückenform muß anders sein.
Verteilen Sie die Anteile auf 2/3 Kirschen und 1/3 weiße Lücken! Diese Drittelung ist klassisch und hat sich schon tausendfach bewährt. Malen Sie aus der Lochpalette, damit alle Farben frisch miteinander gemischt und vermalt werden können. Das Blattgrün wurde bewußt weggelassen, um den Gesamtausdruck des warmen Rottones zu erhalten. Kühle Grünnuancen hätten nur gestört und auch die Lockerheit zu sehr »verdichtet«.

Abbildung 63: Hier werden die kleinen Kugelformen der Früchte mit dem Stupfer ruhig entwickelt. Verwenden Sie sehr weich federndes Fehhaar, da ja die zu stupfende Fläche sehr klein ist und keinesfalls streifig werden darf – wie es mit härterem Pinselhaar schon passieren kann.
Beachten Sie, daß die Kirschen noch nicht zu vollendet gemalt werden. Dieser Arbeitsgang ist erst die Anlage, und wir wollen zunächst nur einige Details setzen, die plastisch angedeutet sind. Wenn Sie damit fertig sind, empfiehlt sich für den ungeübten Maler ein Zwischenbrand, um die Früchtezeichnung zu fixieren, bevor es mit dunkleren Tönen an die Ausarbeitung geht (empfohlene Brenntemperatur 800 °C).

Abbildung 64: In dieser Phase ist jetzt die Ausarbeitung schon abgeschlossen. Wie wir es bei der Fruchtmalerei gelernt haben, bekommt jede einzelne Frucht ihre Licht- und Schattenabschnitte und wird vollends rund gemalt. Achten Sie auf die Glanzlichter in den obenliegenden Kirschen. Sie bringen das Motiv zum Leuchten, und manche Frucht wird noch an Natürlichkeit gewinnen. An wenigen Kirschen werden die Stiele hell angedeutet. Das bringt einige schwungvolle Linien und Bewegungen ins Bild, die wir gut gebrauchen können.

Abbildung 65: Hier nun schließlich die fertige Tasse. Die Untertasse habe ich, wie schon erwähnt, nur spärlich dekoriert: Eine einzelne Kirsche liegt auflockernd halbrechts auf dem Tablett. Sie bildet den ruhigen Ausgleich zur Spannung, die mit der Tasse aufgebaut wurde. Ein roter Rand als Tassenabschluß ist möglich – einem Goldrand ist er in jedem Fall vorzuziehen. Setzen Sie den Rand auch so tief in die Tasse hinein, daß er die äußersten Früchte berührt und so mit einbindet. Auch auf der Untertasse sehen Sie einen kleinen Reif, der die Standfläche der Obertasse umfaßt. Gebrannt wird die Farbe nun noch einmal bei abschließenden 840 °C.

62–65 Ein Teeservice mit naturalistisch gemalten Früchten – in Form und Motivanordnung sehr ausgefallen. Wenn Sie ein ganzes Service mit dieser Art der Früchtemalerei schmücken wollen, können Sie die Palette um viele andere Früchte erweitern: Hagebutten, Brombeeren, Himbeeren und einige mehr (Beschreibung der Malerei im Text auf Seite 66 f.).

66–68 Schwertlilien auf einem Teeservice (Anleitung im Text Seite 70).

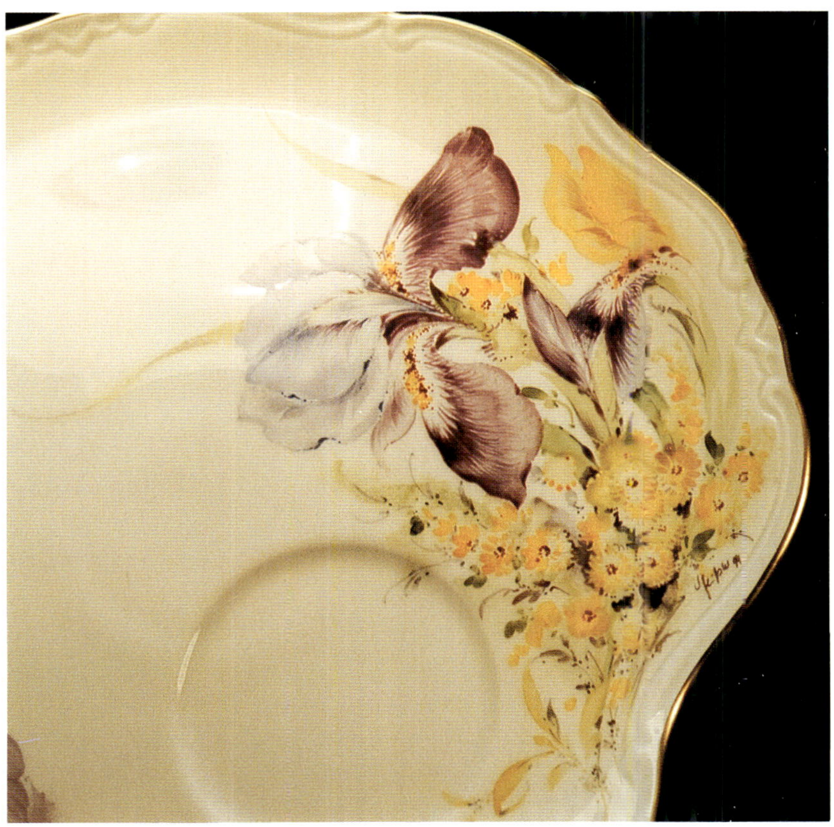

SCHWERTLILIENMALEREI AUF EINER TEETASSE

Wie schon bei unserer Kirschtasse beschrieben, habe ich auch bei diesem Blumenmotiv einmal die Dekoration der Tasse ins Innere verlegt. Der Blumenbund hängt wie von außen her weich in den Scherben hinein und sorgt so für einen sehr luftigen Ausdruck.

In der Abbildung 66 sehen Sie die Anlage der Malerei. Sämtliche Töne werden Naß in Naß aus der Lochpalette gemalt. Die Lilien werden, im Gegensatz zur Maniermalerei, hier sehr weich und hell angelegt. Die Farben werden nicht streng aneinandergesetzt, sondern verfließen leicht an den Grenzbereichen zur Nachbarfarbe. Bringen Sie bei den gelben Füllblümchen auch jetzt schon leichte Grauschattierungen in die frische Farbe ein. Das macht sie angenehm flaumig im Aussehen. Beachten Sie, daß die Schwertlilien der Blickfang sind und die gelben Streublumen ihnen nicht die Schau stehlen. Deshalb erhalten auch nur die großen Hauptblüten klare Akzente in Form der markanten Äderung, die man auf den unteren violetten Blättern zunächst andeutet und später bei der Ausarbeitung noch deutlicher auszeichnet.

Auch das Grün der Pflanzen ist eher andeutungsweise gehalten. Zarte Schatten und teilweise verschwommene Stellen tragen zur Transparenz des Gesamtmotivs bei. Lasieren Sie ruhig hellviolette Töne der Blüten in Teile des Grüns mit ein. Das vermittelt eine pastellene Geschlossenheit und gibt verträumte Akzente.

In Abbildung 68 sehen wir dann das fertige Teil mit den schwungvoll »hingeworfenen« Linien der Ausarbeitung. Vor allem das Violett der Schwertlilien bekam eine kräftige Tiefe. Es lenkt den Blick des Betrachters auf sich, da die feine Äderung das einzig deutliche Moment in diesem Dekor ist. Im oberen, bläulichen Teil dieser Blumen ist noch etwas Ausarbeitung nötig, aber längst nicht soviel wie bei den unteren »Flügeln«. Mit einer Farbmischung aus Grau, Ocker, Braun und Purpur zeichnen wir die gelben Blümchen jetzt ebenfalls noch aus. Geben Sie diesen aber eine weiche Kontur, ähnlich den Mimosen in der Maniermalerei. Wenn es Ihnen gelingt, einen wattebauschähnlichen Eindruck hervorzurufen, haben Sie es richtig gemacht.

Wenn Sie dieses Farbgemisch dann noch mit etwas Dunkelviolett anreichern, haben Sie die Zeichenfarbe für die Betonung der Grünparts. Aber auch hier bitte sehr spärlich vorgehen und nur kleine Akzente setzen. Keine langen Rippen oder Schattenflächen einzeichnen und auch Stiele nur anreißen und nicht klar durchzeichnen!

Insgesamt muß der Dekor weichfließend auf der Tasse »schweben«. Ein Zwischenbrand ist hier übrigens nicht notwendig, da ruhig die Farben ineinanderschwimmen können.

BLUMENMALEREI AUF PORZELLANFLIESEN

Moderne Blumenvarianten passen auch sehr gut auf Fliesen, die entweder eine entsprechende Wand zieren oder als »Puzzle« in einen Rahmen eingefügt und einzeln aufgehängt werden.

Beim Einplanen der Fliesen in eine Küchenlandschaft hat man den großen Vorteil, daß man die Malerei farblich mit der gesamten Inneneinrichtung abstimmen kann. So fügt sich Ihre Malerei dem speziellen Stil ein und setzt im Raum Blickfänge.

Im folgenden habe ich einmal an zwei Beispielen den Werdegang von solchen Fliesenbildern mit Blumenbuketts Schritt für Schritt festgehalten. Sie sehen in beiden Malereien in jeweils vier Arbeitsfolgen, wie diese Blumenbuketts entworfen und ausgeführt werden. Da die Platten ja *vor* ihrer Montage bemalt werden müssen, empfiehlt es sich, sie in eine Art Arbeitsrahmen einzulegen und gegen seitliches Verrutschen zu sichern, damit die Malerei beim späteren Zusammensetzen bündig ist.

Je nach Größe der Motivfläche beziehungsweise der erhältlichen Fliesen setzt man diese zu sechst oder auch acht zusammen. In unseren Beispielen waren stehende Buketts beabsichtigt, und so wurden auch oval stehende vorgezeichnet. Füllen Sie die sechs Segmente gleichmäßig aus, damit keine Seite »abkippt«! Im oberen und unteren Drittel können die Motive allerdings etwas luftiger werden und zart auslaufen.

Bei der Komposition verfahren wir wie bei einer großen Vase: Die Blickfänge liegen in der Bildmitte, und davon ausgehend löst sich der Strauß über immer kleiner werdende Formen nach außen hin auf. Farblich kann ein solches Bild enorm wirken, wenn man etwa für modernere Räume in Wohnungen einfarbige, zum Interieur passende Töne wählt. Unser violett-bläuliches Beispiel kann gut in Bädern und Küchen Verwendung finden, die purpurne oder auch hellviolette Grundfarben haben. Die gelben Rosen mit blauen Blättern hingegen können in hellblau gefliesten Räumen für wohltuende Unterbrechungen der jeweiligen Wand sorgen (meist werden ja auch mehrere Buketts in entsprechenden Abständen eingebracht).

Will man aber in einer rustikalen Küche mit viel Holz für geschmackvolle Abwechslung sorgen, ist wohl der bunte naturalistische Blumenstrauß die beste Wahl. Deshalb sollten Sie vor Beginn der Arbeit den späteren »Wirkungskreis« des Bildes inspizieren, um mit der Malerei den richtigen Ton zu treffen.

Beim violetten Beispiel (Abb. 69–72) sehen Sie, wie im ersten Bild das Bukett zunächst sehr zart angelegt wird. Weiche, gerundete Formen werden ohne jegliche Details mit zügigem Strich und cremigem Malöl aufgetragen. An den tiefsten Stellen des Sujets kann schon etwas Schatten eingefügt werden, um für die Ausarbeitung Orientierungspunkte zu haben. Geben Sie bitte von allen Einzelblumen und Blättern nur die grobe Silhouette vor und spielen Sie sich schon ein wenig mit den Grundfarben Violett, Purpur und Schwarzblau. Auch hier sei dem Laien ein Fixierbrand empfohlen, um die erste Anlage zu sichern.

Auf Abbildung 71 werden dann alle Einzelheiten eingemalt, die das Bild für seine Gesamtwirkung benötigt. Beginnen Sie erneut in den absoluten Tiefen, also bei den Schlagschatten auf der rechten Seite. Davon ausgehend wandern wir durchs ganze Motiv und stellen eine Blume nach der anderen fertig. Beschränken Sie sich aber auch hier auf die drei Hauptfarben, um das Bild nicht bunt werden zu lassen. Die Details der Ausarbeitung sollten wenig konkret und sehr flüssig gemalt sein. Das macht die Blumen duftig und ein wenig verträumt. Zusätzlich mit Aufsetzweiß eingemalte Blickfänge lockern die tiefen Schattenstellen nochmals auf (links oben im Flieder zu sehen).

Zuletzt kann, wenn nötig, noch eine Abschlußlasur erfolgen. Schauen Sie, ob die eine oder andere Stelle zu hell »gekommen« ist, und setzen Sie ruhige Schattierungen auf, wenn die Blume dies nahelegt. Das ist natürlich auch beim Blattgrün zu empfehlen.

69–72 Werdegang eines sich über sechs Fliesen erstreckenden Motivs in Rosé- und Violettönen. Der noch nicht ganz so versierte Maler wird sich zunächst mit dem Abpausen einer auf das richtige Maß kopierten Skizze behelfen; denkbar wäre auch der Einsatz eines Overhead-Projektors und das Anskizzieren der Umrißlinien mit dem Allstabilo-Stift.

72 Hauchzart und anmutig: Solche Aquarellkunst schmückt das Badezimmer ganz ungemein.

Bei unserem Rosenbeispiel in Gelb (Abb. 74–77) wird die gesamte Anlage mit einem leuchtenden Kobaltblau gestaltet. Nur in den großen Hauptblüten wird bereits ein etwas gelblicher Ton mit eingemischt. Die Ausarbeitung bringt dann sehr tiefe Blautöne, die fast ins Schwarz gehen. Die Blätter unmittelbar an und unter den Blüten bekommen einen so kräftigen Ton, daß die gelben Rosen im Bukett davon getragen werden. Mit diesem Blau werden alle Einzelheiten der Malerei gestaltet, und nur die Blüten erhalten gelbe Lasuren in mehr oder weniger starker Ausführung. Im Rosenkern schließlich können wir noch mit einem kräftigen Braun die kleinen Blättchen andeuten, die im Inneren des Rosenapfels liegen. Dieser »Krater« sollte recht tief und interessant aussehen, um der Blüte Plastizität zu verleihen. Die gelbe Farbe kann übrigens leicht gegen Purpur oder auch Rot getauscht werden. Mit den blauen Blättern sehen auch diese Varianten sehr gut aus.

Sehr gut geeignet sind für diese Wandbilder übrigens auch gemischte Sträuße mit Blumen und Früchten. Wenn Sie innerhalb einer Wandgestaltung mit größeren Farbflächen arbeiten müssen, ist hier auch die Spritzpistole sehr zu empfehlen. Sie können mit ihr weiche Übergänge und zarte Nuancen erzielen, wie es Ihnen der Stupfer niemals ermöglichen würde. Auch das Abkleben von verschiedenen Partien mit der transparenten Folie läßt sehr schön gleichmäßig-ruhende Flächen zu. Besonders wenn ein Bild die A3-Größe überschreitet, kann man mit der Airbrushtechnik rationeller arbeiten. Oft sind dabei viele Quadratzentimeter mit Farbe zu versehen – und wenn dann noch eine ruhige und vor allem gleichbleibend starke Farblage verlangt wird, spricht nichts dagegen, nicht auch die Werkzeuge neuerer Art für unsere Zwecke zu verwenden.

Gut machen sich auf Porzellanfliesen auch durchgehende Grafikdekore, in denen Blumen sehr stilisiert und zeichnerisch wiedergegeben werden. Sicher haben auch Sie schon einmal diese wunderschönen Musterfliesen der Jugendstilzeit gesehen, die bei unseren Eltern noch im Treppenhaus hingen. Wenn Sie sich Details daraus abschauen und im kleineren Umfang in Ihrer Küche plazieren, ist Ihnen der Beifall aller Betrachter sicher. In einer Art Girlande können zum Beispiel Blütenbänder in Küche oder Bad ganz rundum verlaufen. Die Farbigkeit sollte hierbei dem Grundeindruck des Raumes angepaßt sein.

Bevor Sie sich jedoch an ein solches »Wandbild« wagen, sollten Sie schon abschätzen, ob Sie die nötige Ausdauer und Routine mitbringen. Solche Arbeiten dauern erfahrungsgemäß manchmal Wochen und können dem Hobbymaler schon einmal langweilig werden. Vielleicht beginnen Sie zunächst mit einer kleinen Blütenbordüre im Badezimmer oder ähnlichem. Allerdings kann auch das andere Extrem zutreffen, und Sie sind vor Begeisterung gar nicht mehr zu bremsen. Ein befreundeter Maler hat so nach einem anfänglichen Wandbild aus sechs Fliesen später seine ganze Bar mit einem Wandbild aus Porzellanplatten versehen. Moderne Blütenarrangements waren dabei ebenso vertreten wie die »typischen« Bardekore – Weinreben oder Winzerwerkzeuge. Mit gezielten Platinelementen wurden schließlich noch sehr wirkungsvolle Akzente gesetzt. Andere wieder haben in der Küche ganze Quadratmeter mit Gemüsestilleben und Fruchtarrangements versehen; auch Landschaften konnte ich schon bewundern, deren Wirkung mitunter verblüffend war. Hierbei kommt es natürlich auf eine geschmackvolle Farbgebung an. Zu grell gemalte Wiesen und Wolken wirken kitschig. Wenn aber beispielsweise weite Ebenen mit nur vereinzelten Bäumen einfarbig in Siena- oder Sandtönen weich gemalt sind, ist das Ergebnis unaufdringlich und zart. Auch die typisch blaue Wandmalerei ist schön anzusehen.

73 Bei Fliesenmalereien sollte jede Fliese gleich gut »gefüllt« werden, um Harmonie im Gesamtausdruck zu erreichen.

74–77 Gelb-blaue Rosen mit bemerkenswert tiefen Einblicken in das Blüteninnere vermitteln einen Hauch von Sommer mit sich üppig um Pergolen rankenden, duftenden Blüten.

EIN TELLERBEISPIEL MIT »AUFGEMALTER SERVIETTE«

Von einem Antikmarkt stammt der Teller auf Seite 79 und 84. Die eigenwillige Komposition fällt dem Betrachter sofort ins Auge und ist auch für unser »modernes Thema« geeignet. Wie eine ausgebreitete Serviette liegt da ein dunkelgrünes Farbfeld auf der runden Tellerform und gibt einen ungewohnten Blick aufs Porzellan frei. Aber auch die verschiedenen Maltechniken sind hier interessant und können von Ihnen durch diverse Farbvarianten erweitert werden. Wie Sie dieses Dekor erstellen, möchte ich Ihnen im folgenden aufzeigen:

– Nach der gründlichen Reinigung des Weißscherbens wird als erstes das Quadrat auf den Teller gezeichnet. Jede weitere Vorzeichnung entfällt zunächst, da ja erst die Fondfläche gestaltet werden soll. Dann müssen die äußeren Konturen des Vierecks mit Abdecklack oder Airbrushfolie abgedeckt werden. Wenn Sie sich für das Arbeiten mit der Spritzpistole entschieden haben, werden Sie sicher die tiefgrüne Farbe besser hinbekommen, als wenn Sie das Feld mühsam mit dem Stupfpinsel malen.

– Da ich keinen Hersteller kenne, der heute noch so ein tiefes Schwarzgrün herstellt, empfehle ich Ihnen, den Ton zu mischen. Nehmen Sie das dunkelste Grün, das Sie in Ihrer Palette finden können, und mischen Sie dann noch eine Spur Schwarz zu. Für den Hochglanz empfiehlt sich auch noch eine Messerspitze Flußpulver. Achten Sie beim Mischen aber darauf, daß es ein warmes Grün bleibt (Zinnobergrün dunkel) und nicht eine kalte Blaugrünvariante.

– Egal, ob Sie den Fond gestupft oder gespritzt haben, nun muß ein erster Zwischenbrand eingelegt werden, da ja die Grünfläche noch eine Bemalung erfahren soll und dies wohl auf dem ungebrannten Farbpulver nicht gut gehen würde. Brennen Sie gleich »voll«, damit die Farbe richtig durchschmilzt und das Reliefpulver für die Schmetterlinge gut aufnimmt.

– Ist dieser erste Teil gutgegangen (manchmal muß der Grünton nochmals gesteigert werden und ein zweiter Brand wird erforderlich!), können wir an die eigentliche Gestaltung der Malerei gehen.

Die Schmetterlinge, die Sie im Tellerinneren sehen können, werden mit Reliefweiß in ihren wichtigsten Konturen gezeichnet. Die Striche sind dabei recht kräftig gehalten und mit ihnen werden auch die Körper der Insekten gemalt. Man soll sie später richtiggehend fühlen können, wenn man über sie streicht. Diese Details sind übrigens die einzigen, die mit der Relieffarbe gestaltet sind. Farbig lasiert werden die Konturen dann erst im nächsten Arbeitsgang.

Sie können nun noch die kleinen Blümchen außen auf der Tellerfahne anlegen. Die Röschen bekommen zunächst eine zarte Purpurfarbe, und das dazugehörige Blattgrün wird mit der typischen gelbgrünen Tönung gemalt.

– Nunmehr wird der zweite Zwischenbrand nötig. Brennen Sie auch jetzt wieder die vorgegebene Temperatur voll aus (meist um 820 °C).

Wenn Ihr Teller dann gut und vor allem langsam abgekühlt ist, kann man an die Ausarbeitung der Feinheiten gehen. Zunächst sollten Sie sich dem Tellerinneren widmen, denn wenn man mit den Blumen außen anfängt, besteht die Gefahr des Auswischens beim Schmetterlingzeichnen. Also soll den schwirrenden Insekten unsere vorrangige Aufmerksamkeit gelten. Die Felder der Flügel zwischen den Rippen werden mit pastellenen Tönen ausgelegt, die man sich mit etwas Deckweiß und herkömmlichen Porzellanmalfarben mischen kann. Sie sehen in unserem Beispiel Hellgelb, Hellblau und Rosé. Die eigentlichen Konturen, die mit Relief gemalt wurden, erhalten keine farbige Lasur, sondern bekommen nachher eine Goldüberlage.

– Nun geht es an die feinen Goldgräser neben den Schmetterlingen und die zarte Spitzenkante

78, 79 Dieser Teller dient als Anregung auch einmal für gewagte Mischungen von Malstilen. Sicher finden Sie noch ganz andere Versionen, denken Sie nur an so bekannte Trompe l'œil-Motive wie die gemalten Spielkarten auf dem Tisch oder eben verblüffend echte Blumenarrangements, wie etwa Potpourris.

um das Quadrat. Für beide Malereien wurde Glanzgold verwendet. Es verlangt allerdings schon etwas Routine, das braun gefärbte Gold auf den dunklen Untergrund auszubringen, da man es darauf sehr schlecht sieht. Auch die Reliefkonturen bekommen nun ihr Gold.

– Abschließend zeichnen wir noch die Röschen außen fertig, bevor das Stück in den abschließenden Brand geht.

AUSGEFÜHRTE PORZELLANMALEREIEN

80, 81 Die zarte Blümchenranke auf Teller, Untertasse und um die Teetasse herum (nicht zu vergessen das Röschen in der Tasse) hat durch die duftige Malweise viel von der Steifheit und rigiden Manierart der alten Dekore verloren: sie zeigt sich verspielt und doch modern und ist auch auf anderen schnörkellosen Porzellanformen vorstellbar.

82 Obwohl nicht aus jüngster Zeit, wirkt diese Walderdbeerkante zeitlos modern. Ein besonderer Clou sind die kleinen Streublättchen auf dem Tellerspiegel: So lassen sich auch ideal eventuell vorhandene Fehler im Weißscherben vertuschen!

83 Dieses Bukett innerhalb eines immens schmuckvollen Tellers ist durchaus nicht neu und wirkt dennoch nicht altmodisch. Ob beim Antiquar oder im Museum – überall finden Sie Vorbilder.

84 Rosenblattkante mit teilweise goldenen Blättern. Solche Blattreigen können Sie auch auf moderner Weißware übernehmen.

85 Silberdisteln, leicht stilisiert. Ihre stachlige Figuration, die für sie charakteristisch ist, steht im schönen Kontrast zum weichen Bone China-Porzellan.

86 Ein modern stilisierter Dekor mit Efeu und Getreide der Berliner Manufaktur KPM. Obwohl das Design nicht neu ist, wirkt die Malerei frisch und keineswegs traditionell.

87 Dieser Ansatz zu einer Bemalung zeigt zwar (noch) keine Blumenmalerei, dafür sind aber die »Wellenlinien« des Tellers in idealer Weise zu einem wogenden Meer-Motiv umgedeutet.

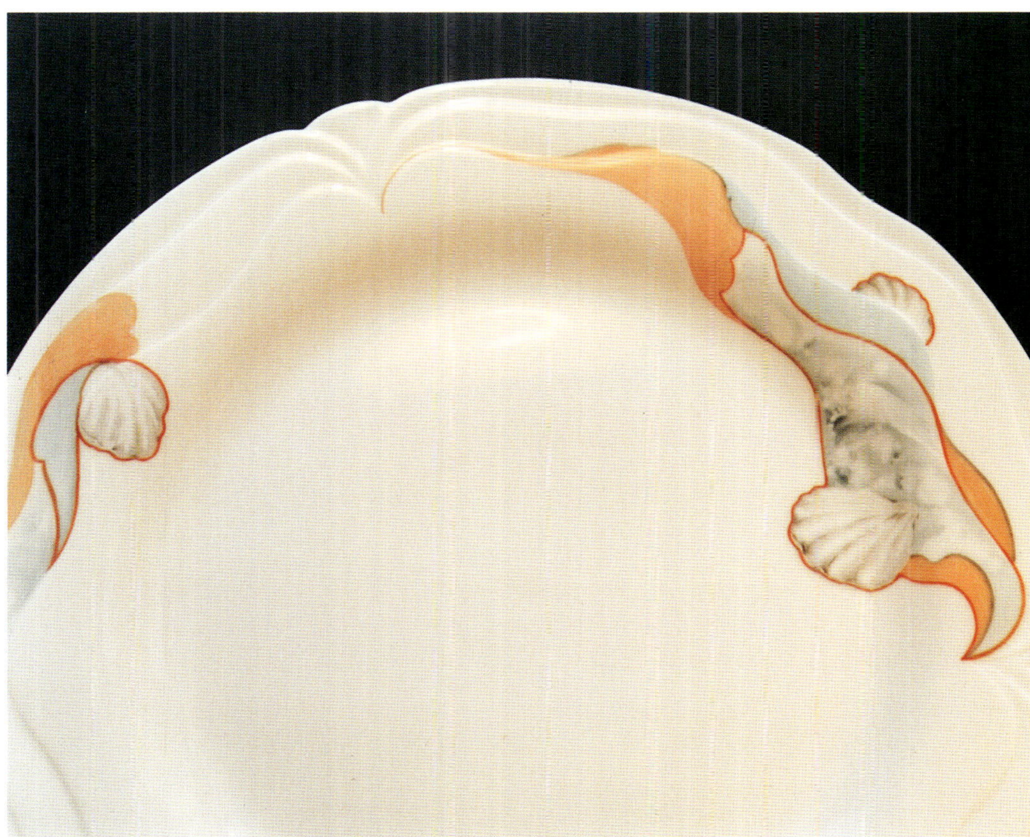

88 Der »Serviettenteller« (vergleiche Seite 78 f.) wirkt erst in Farbe und schafft die Illusion der Täuschung. Wählen Sie ruhig einmal eine andere Farbe für die Innenfläche und ändern auch die Blumensorten.

89–105 Die Beispiele des Schweizer Malers Peter Faust zeigen das weite Feld moderner Phantasieblumen-Dekore.

89 Blume, Schmetterling und Landschaft: So wirken vertraute Sujets, ganz neu zusammengesetzt, sehr eigen; immer zeigen sie Ihre höchst individuelle Handschrift.

90 Harmonie pur: Hier liegen mehrere Blumensorten ganz weich übereinander, schießen stilisierte Asternblüten ein wahres Feuerwerk von Bewegung neben ruhigen Bambusstauden ab. Technisch ist dies nur etwas für diejenigen, die schon routinemäßig mit Lack abzudecken und mehrere Farbschichten nacheinander aufzubringen wissen; auch muß oft zwischengebrannt werden.

Zu Seite 87:
91 Schwertlilien vor einem sehr aufwendigen Hintergrund, der in mehreren Techniken erstellt wurde. Gut zu erkennen ist, daß auch viele Zufälligkeiten genutzt wurden.

92 Ein sehr gutes Beispiel, wie die Blumenmalerei mit Phantasieelementen neu interpretiert werden kann.

93 *Ein zauberhafter Phantasiedekor, ungewöhnlich in der Komposition, gemalt mit prächtigen Farben.*

94 Mohnblüten sehen Dich an: Der purpurfarbene und rötliche Grundton der Blütenfarben hebt die Malerei von vielen Standarddekoren, die bunt und lustig sein wollen, entschieden ab.

95 »Hoffnung und Vorfreude« – so nannte Peter Faust dieses aufwendige Bild in Mischtechnik.

96 Und noch einmal Mohnblumen im Bild »Sonnenzeit – Schattenzeit« von Peter Faust. Die klare Trennung von Hell und Dunkel ist hier das elegant gelöste Prinzip.

97 Die Orchidee als Königin der Blumen in einem »traumhaften« Umfeld. Neben dem handwerklichen Geschick des Malers ist seine kreative Handschrift dafür die Grundvoraussetzung.

98 Noch ein schönes Beispiel für künstlerische Inspiration sind diese Mohnkapseln, umgeben von Schnekken und Blüten.

99 So kann man Tulpen auch auf das Porzellan bringen! Die Mischung aus grafischen und malerischen Elementen ist besonders gelungen.

100 Die einfarbige Tulpe dieses Bildes hat zarte Transparenz und wird vom »perlenden« Umfeld angenehm belebt.

101 Recht grafisch gehaltene Rosenmalerei vor Landschaft mit Sichelmond. Die Werke von Peter Faust gestatten der Interpretation durch den Betrachter einen großen Spielraum.

102 Winden, ganz ungewöhnlich vor fein punktiertem Hintergrund. Diese Vollendung innovativer Unikatmalerei zu erreichen, ist das Wunschziel jedes freien Porzellanmalers.

103 Noch mehr Fleißarbeit gefällig? Alle Details sind äußerst liebevoll eingesetzt, ähnlich den Arbeiten der Meister des Kupferstichs. Das erklärt natürlich auch den eher hoch anzulegenden Preis für eine solche Porzellanplatte.

104 Blumenmalerei in mehreren Techniken. Die im oberen Bildteil hell konturierten Blüten auf einem Hintergrund gleich edlen Stoffbahnen wurden vor dem Übermalen mit Abdecklack überzogen.

Zu Seite 101:
105 Eine zart verwobene Blütenwolke und hoher Goldanteil führen vor Augen, wie weit man kommen kann, wenn man sich von den üblichen Manufakturstilen freigemacht hat.

ENTWÜRFE UND PAUSVORLAGEN

106 Platzteller mit Blüten auf der in variierenden Brauntönen gehaltenen Tellerfahne und mit beige-ockerfarbenem Spiegel.

Zu Seite 103:
107 Modern gestylter Früchteteller, der in Farbgebung und Anlage von den herkömmlichen Gesetzen der Dekoration völlig abgerückt ist.

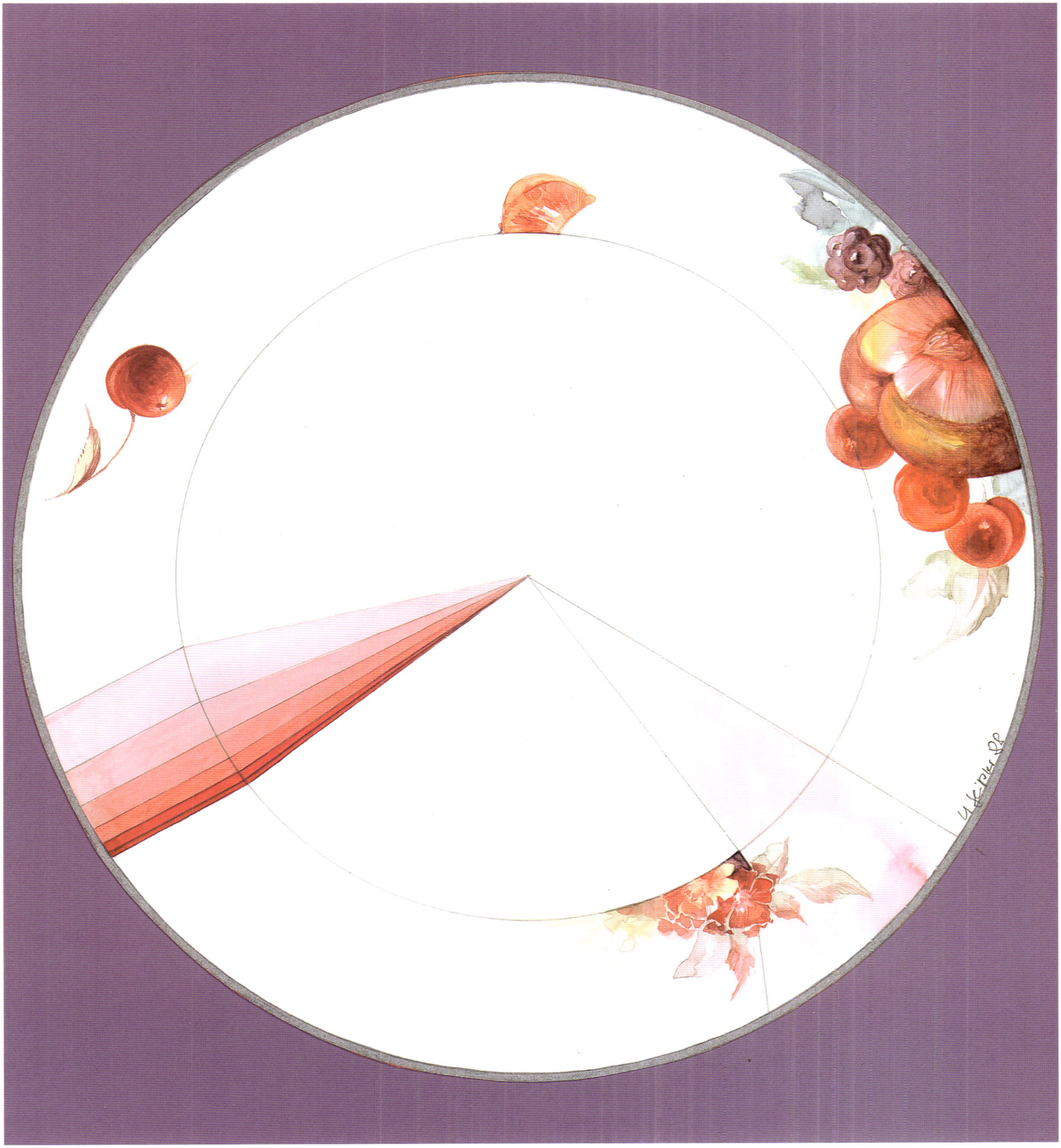

108 Dieses Mohnbukett wurde in Anlehnung an Jugendstil-Dekore vom Autor frei plaziert. Die Beschränkung auf die Farben Eisenrot und Grün bringt eigenen Reiz in das Sujet ein.

109–127 Alle Zeichnungen können als Pausvorlagen verwendet und auch mit dem Kopierer vergrößert oder verkleinert werden.

109 Stilisierter Feldmohn, der vom Tellerrand her locker ins Tellerinnere schwingt.

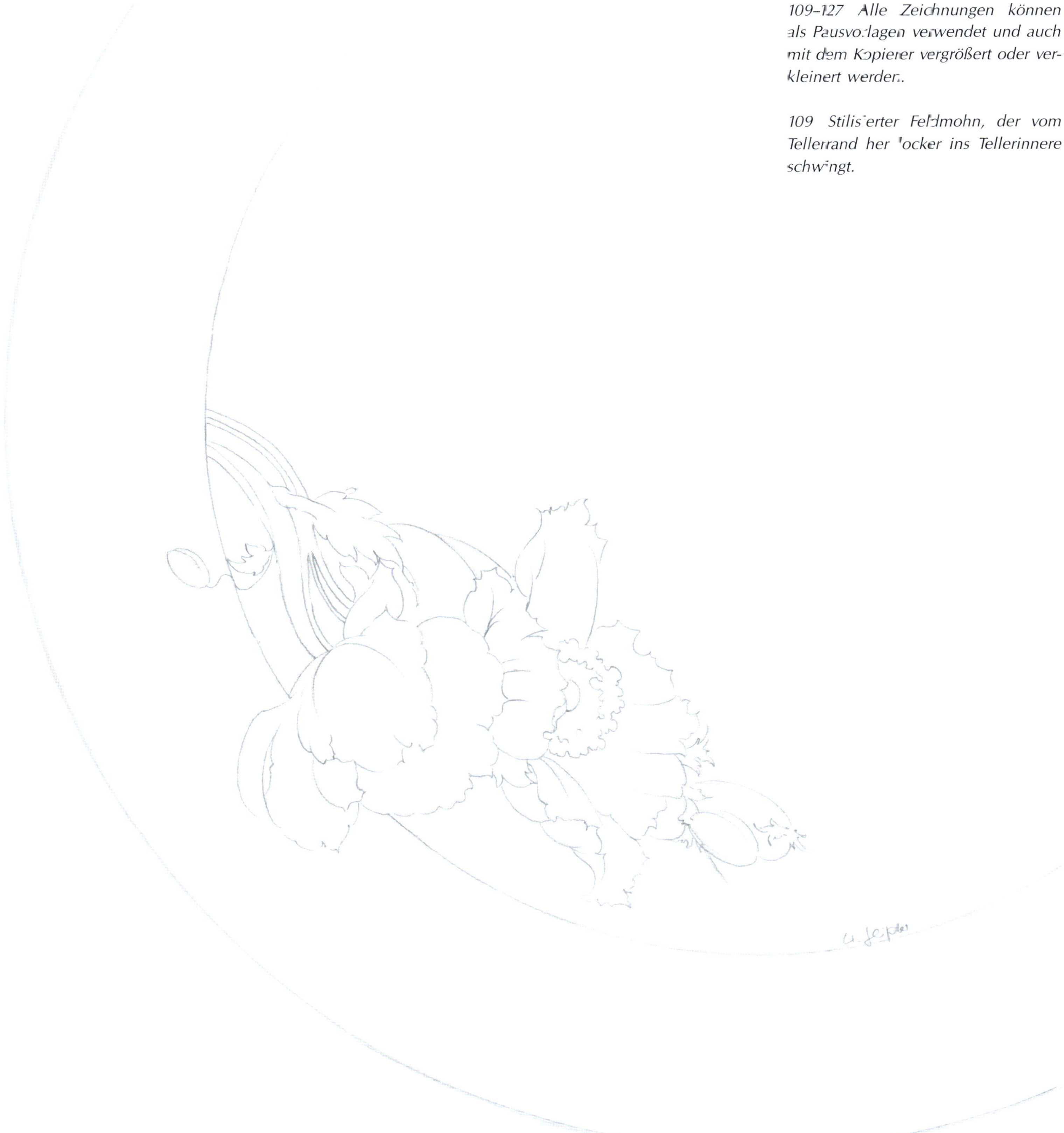

110 Federmohnblüten wirken besonders in der Variante mit Eisenrot gut.

111 Wieder der Federmohn, der ansatzweise auch einmal in den Tellerspiegel »hereinschaut«. Kolorieren Sie einfarbig oder in natürlichen Tönen.

112 Weindekor. Spielen Sie einmal mit allen möglichen Farbtönen!

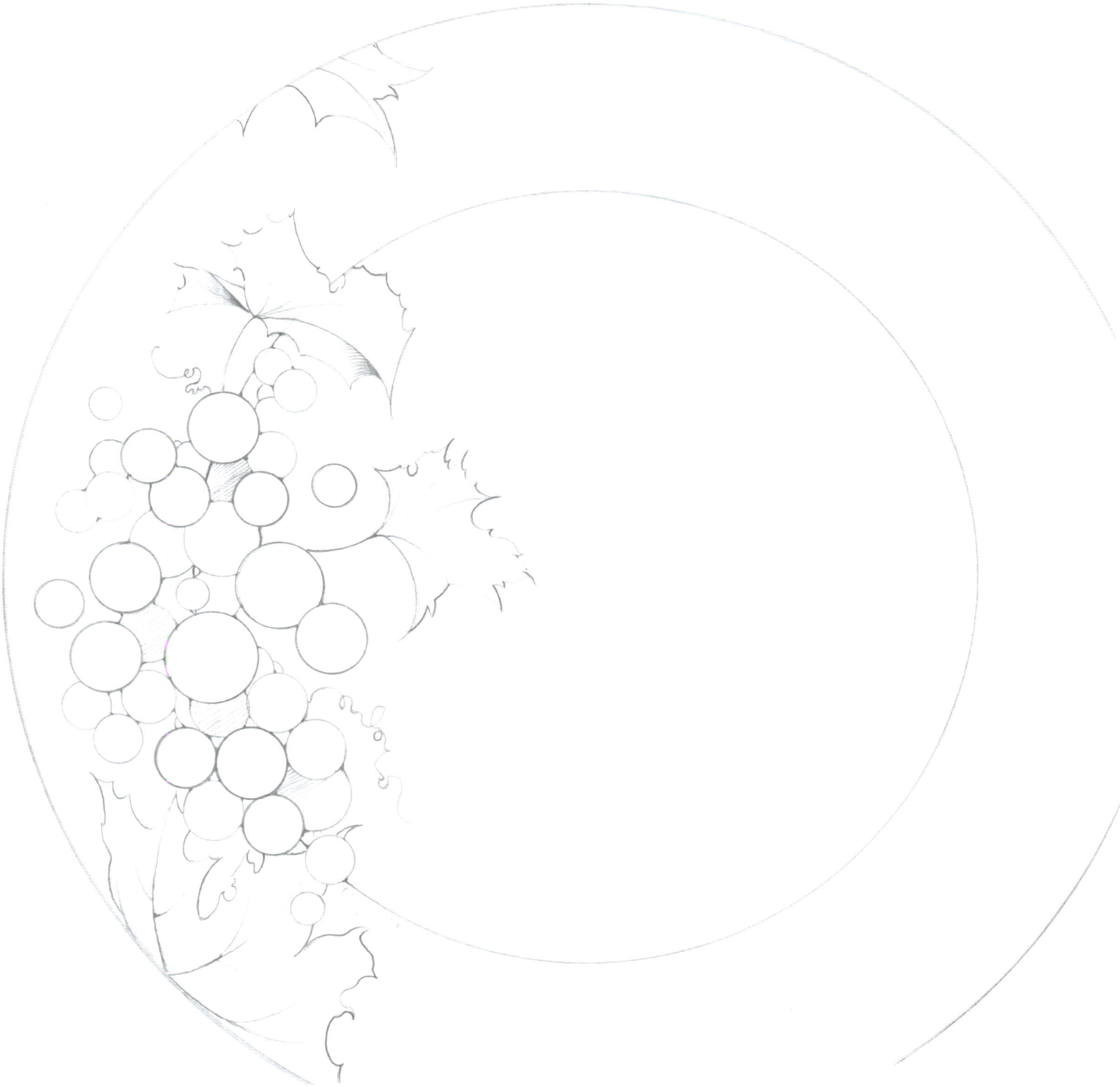

113 Gemischtes Bukett aus Hecken- und Buschröschen. Denken Sie auch daran, zur Abwechslung mit den Farben Purpur für die Blüten und Blau für die Grünblätter Verfremdungen zu erreichen. Natürlich sind auch möglich: Gelbe Rosen mit goldenen Blättern.

114 Akanthusblüte und Falter nicht zu bunt malen, da sonst die klare Formgebung nicht mehr wirken kann . . .

115 *Malerei in klarer Linienführung. So lassen sich mit weiteren Blumensorten ganze Tellerserien kreieren.*

116 Diese Aurikeln haben auch auf Tassen, Kannen und anderen Hohlteilen bestens Platz. Die geschwungenen Bänder beleben die Malerei.

117 Vollflächendekor mit einer Anemonenwiese. Variieren Sie die Blüten einfarbig und bunt.

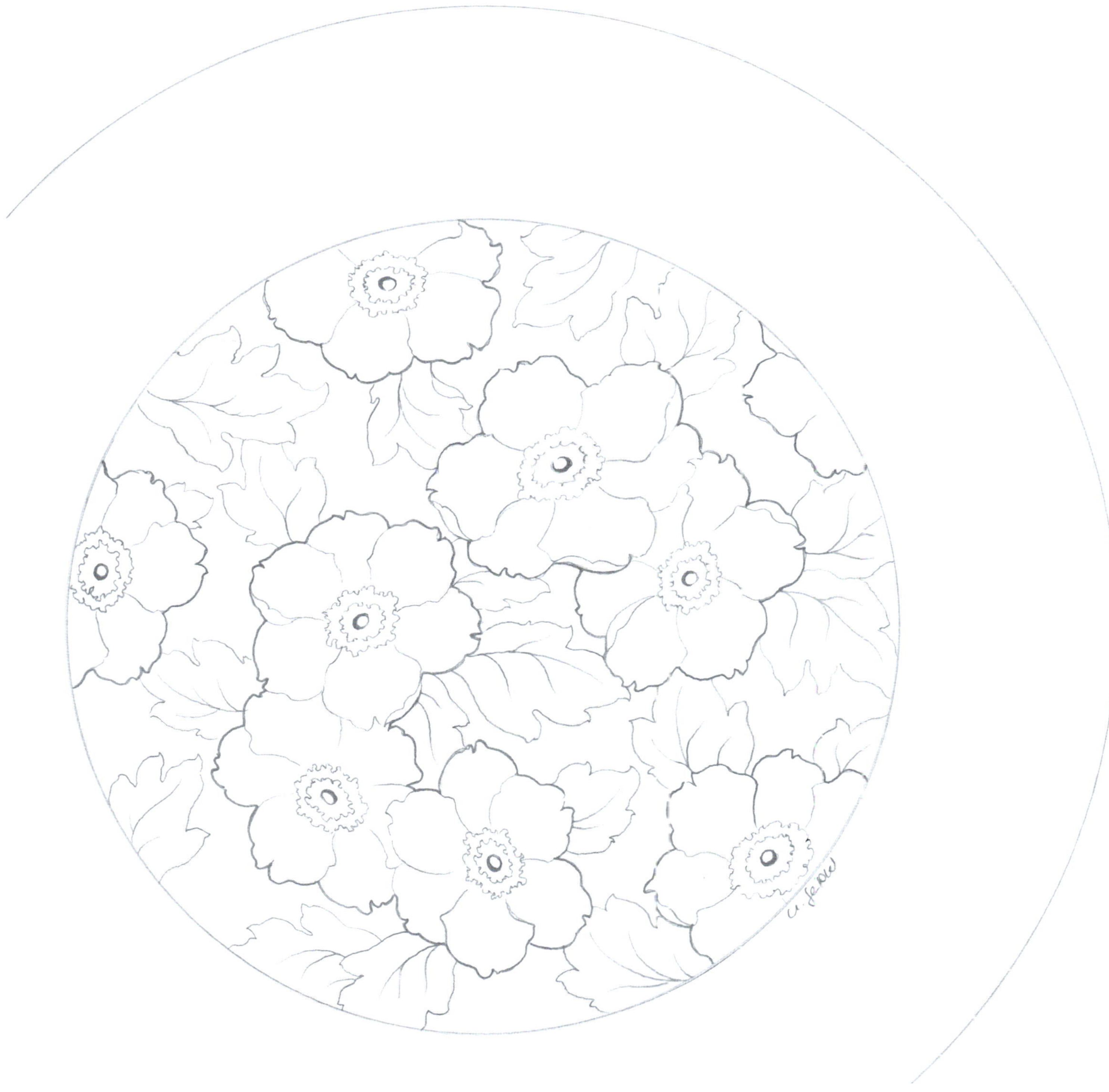

118 Duftig florale Malerei, bei der die äußeren Einzelheiten spärlich oder gar nicht ausgearbeitet werden.

119 Reiches Mittelbukett für eine 20 x 20 cm große Porzellanplatte.

120 Festlicher Spiegeldekor, natürlich auch zum Verkleinern geeignet. Bunte Blüten mit goldener Konturen und pastellene Grünfarben sehen gut aus.

121 Wandtellerbukett mit äußerst dekorativen Orchideen (Dendrobien mit Schwertfarn und Efeu).

122 Die Bandwindenranke schmückt die ganze Tellerfahne – ideal zum Abpausen.

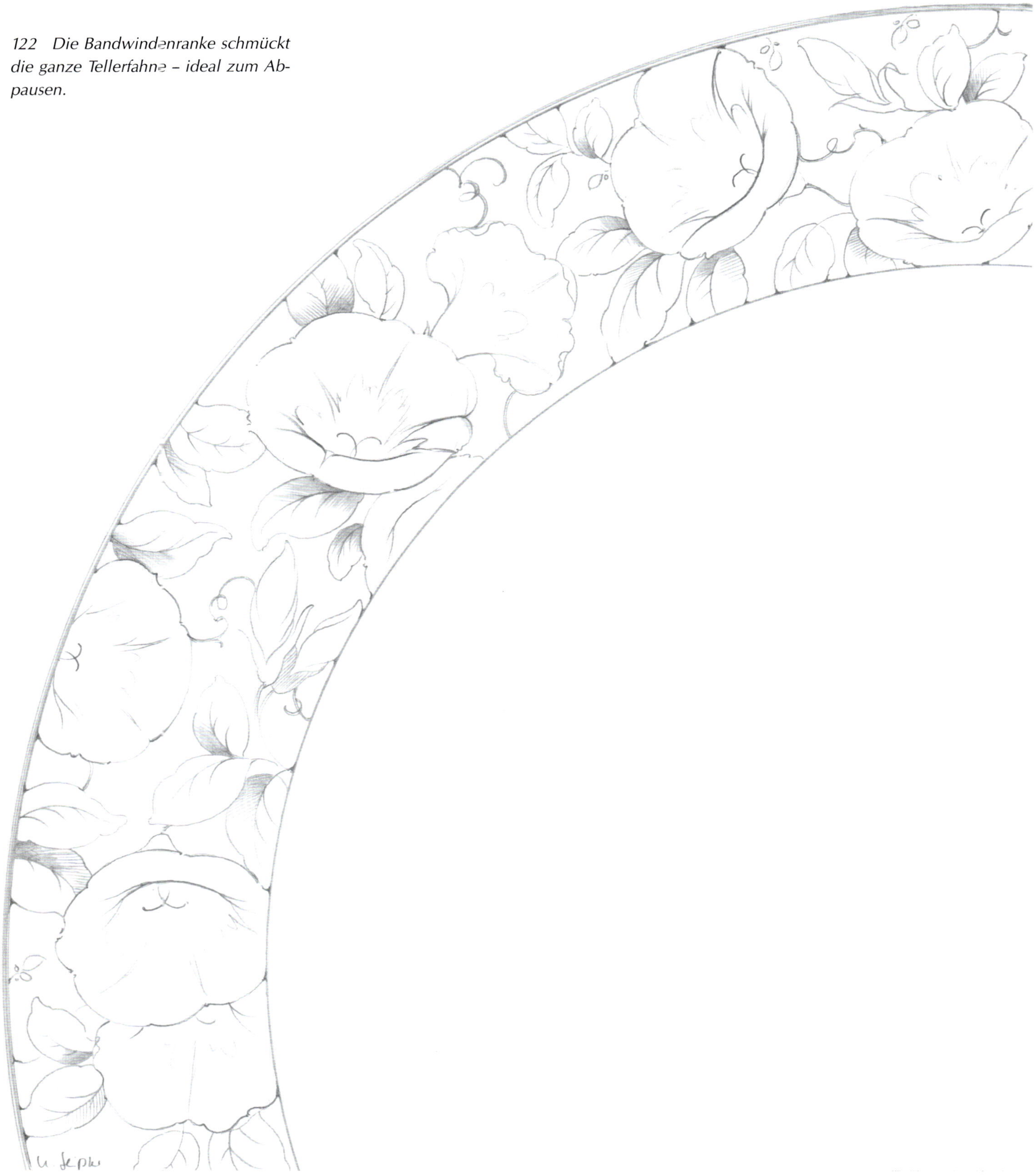

123 Auch Chrysanthemen sind sehr dekorativ.

124 Jugendstil-Fuchsien in eleganter Aufhängung.

125 Jugendstil-Tulpen schwingen mit der Form der Kugelvase.

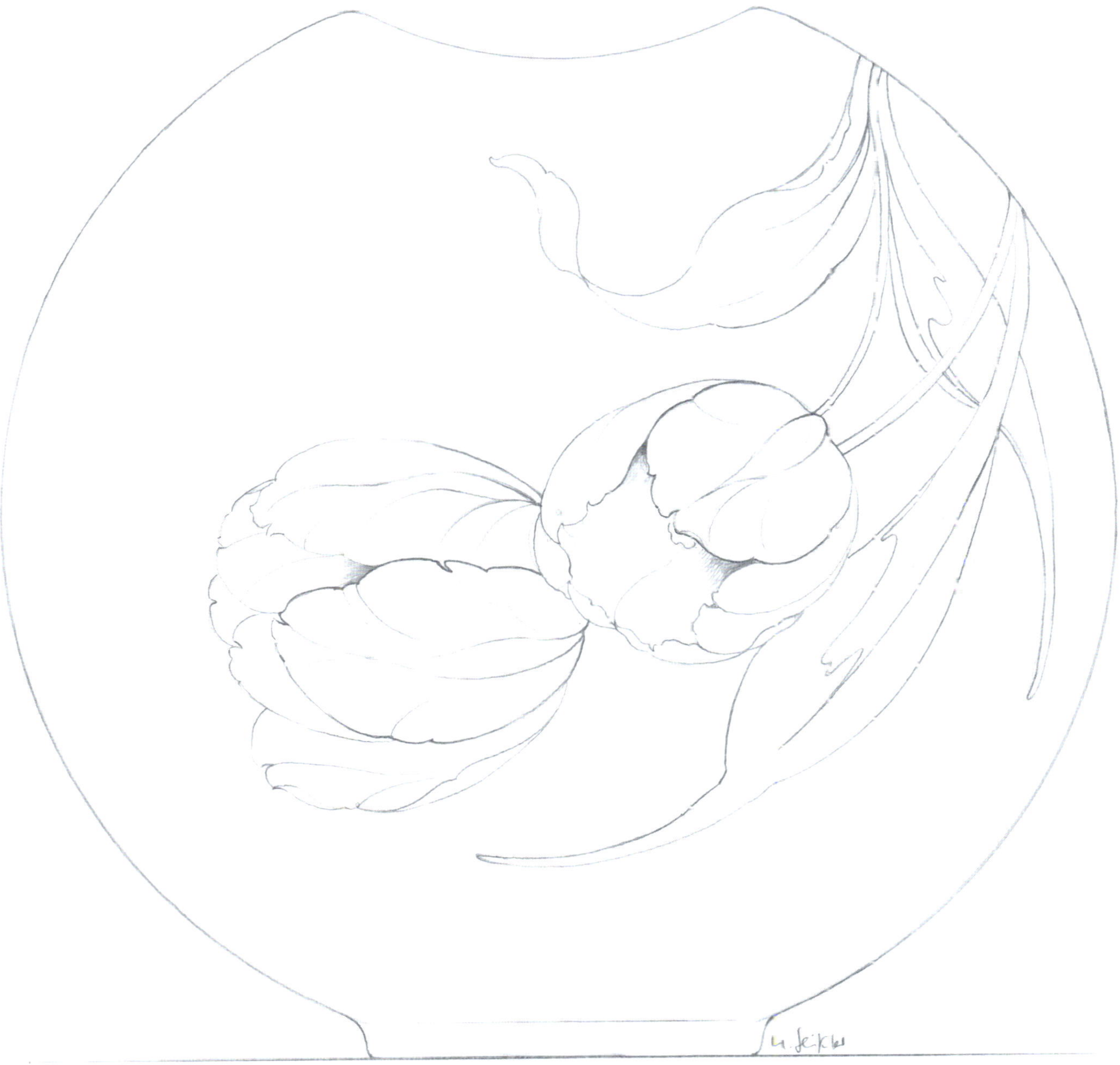

126 Phantasielilien, die den Tellerspiegel übergreifen, sind optisch einfach nicht »an den Rand« zu drängen.

127 Die großen Blütenformen der Petunien laden dazu ein, es einmal mit Airbrush zu versuchen. Knallgelbe Blüten und purpurnes Blattgrün erregen sicher Aufsehen.

GLOSSAR

ABDECKLACK Dickflüssiger Farblack, der beim Trocknen zu einer starren Folie erhärtet und bequem abgezogen werden kann. Ist besonders geeignet, kleine, komplizierte Formen abzudecken, die mit Folie und Skalpell nicht so gut isoliert werden können.

ABSPRENGPULVER Wird zu einem feinen, cremigen Brei angerührt und kann dann auf die Glasur aufgetragen werden. Im Brand verursacht es gewollte Risse, Erhebungen und Unregelmäßigkeiten auf dem Scherben, die dann später auch mit einem rauhen Gegenstand abgekratzt werden können. Bei einer Übermalung dieser rauhen Flächen mit Goldpräparaten (auch Metallic) ergibt sich der beliebte Bronzeeffekt.

AIRBRUSH Druckluftverfahren, bei dem die Flüssigfarbe durch feine Düsen versprüht wird und feinste Nuancen und Farbübergänge erlaubt. Bei der Porzellandekoration nur bedingt einzusetzen, da die körnige Porzellanfarbe bei unsachgemäßer Aufbereitung leicht die Düsen verstopft. Für Fondgestaltung jedoch sehr gut geeignet, da eine absolut gleichbleibende Farblage erzielt werden kann.

AIRBRUSHFOLIE Sehr anschmiegsame, weiche Folie, die sich besonders gut an Rundungen des Porzellans anlegen läßt, will man mit der Spritzpistole arbeiten. Geschnitten wird sie am besten mit einem guten Skalpell, das es im Bastelbedarf gibt.

ALLSTABILO-STIFT Fettstift zur Vorzeichnung auf Porzellan. Die Linien werden mit diesem Stift leicht hellgrau sichtbar und haben nicht die irritierende Tiefe anderer Fettstifte. Die Konturen verbrennen im Ofen rückstandslos. Für dunkle Untergründe wie Fonds oder ähnliches gibt es auch den weißen Stabilo.

AUFSETZWEISS Kann teilweise bis zu 4 mm hoch aufgetragen werden (auch als Relief). Dünne Gräser, Stiele und Blattränder erfahren eine optische Betonung. Es ist auch farbig zu übermalen und brennt glänzend aus.

BISKUITPORZELLAN Porzellanteile, die noch nicht glasiert sind, aber bereits einen Glühbrand erfahren haben und somit für die Unterglasurmalerei geeignet sind. Durch Absprengpulver können Sie Porzellan teilweise »biskuitieren«.

EDELMETALLFARBEN Flüssigfarben, denen Gold, Silber oder Platinanteile zugesetzt sind, die teilweise nach dem Brand noch glänzend poliert werden müssen. Wir unterscheiden z.B. Poliergold und Glanzgold, welches nach dem Brand sofort glänzt. Die Edelmetallanteile sind in den verschiedenen Varianten sehr unterschiedlich. Merke: Je höher der Goldanteil in einer der Farben, desto besser die Haftung auf Porzellan nach dem Brand! Bestes Gold ist übrigens das fast reine Pudergold, das wie andere Farben auch mit Öl angerieben wird.

FLUSS Farbzusatz, durch den der Schmelzpunkt der Farbe herabgesetzt werden kann. Man kann so eher Glanz in die Farbe bekommen. Durch den mitunter hohen Bleigehalt extrem giftig und nur bedingt ratsam!

LÜSTER Flüssigfarben aus Metallsalzen, die beim Einbrennen auf Porzellan der Oberfläche einen irisierenden Glanz verleihen. Will man Kitsch vermeiden, sollte man von übertriebener Verwendung Abstand nehmen!

MARMORIERLÖSUNG Wasserlösliche Tinktur, die auf die getrockneten Lüsterfarben aufgetragen wird und diesen den typischen Marmoreffekt gibt.

LITERATUR

Brandehof, Jane und Uwe Geißler, Porzellan bemalen heute. Neue Beispiele und Techniken, München 1990

Demel, Erich Porzellanmalerei, Zürich 1979

Derenbach, Roswitha Porzellanmalerei, 3. Aufl. Wiesbaden 1991

Flügel, Barbara Porzellanmalerei, Grundwissen und Schritt für Schritt Anleitung, Stuttgart 1988

Flügel, Barbara und Schmidt-Ibach, Ulle Porzellanmalerei nach Meissener Art, Stuttgart 1991

Geißler, Uwe, Porzellan bemalen. Anleitung – Beispiele – Dekore, 3. Aufl. München 1992

Geißler, Uwe, Porzellan bemalen auf Meißner Art. Vorlagen für Fortgeschrittene, München 1992

Geißler, Uwe, Porzellanmalerei. Obst und Früchte, München 1994

Geißler, Uwe, Porzellanmalerei. Ranken, Kanten und Bordüren, München 1993

Geißler, Uwe, Porzellanmalerei. Rosen, München 1992

Imhof, Phyllis Aparte Porzellanmalerei, Freiburg 1985

Kesten, Brigitte Porzellanmalerei. Charakteristik der Porzellanfarben, 4. Aufl. Stuttgart 1989

Koustrup, Birthe Verschiedene Bücher für Porzellanmalen, Holte/DK 1934

Lumm, Rudolf Porzellan-Malschule, 7. Aufl. Stuttgart 1990

Lumm, Rudolf Porzellanmotive, 2. Aufl. Stuttgart 1991

Lupfer, E. A. Ornate Pictorial Calligraphy, New York 1982

Meichtry, Anita Porzellanmalere Lüstertechnik, 3. Aufl. Stuttgart 1990

Muehe, Iris Porzellanmalerei. Eine alte japanische Technik, Stuttgart 1990

Pedersen, May L. und Viggiani, Donatella Porzellanmalerei amerikanische Technik. Diffusions-Technik, Stuttgart 1990

Perret, Annick Porzellanmalerei Motive. Blumendekors aus Straßburg, Stuttgart 1990

Polla, Ursula Porzellanmalen. Eine Anleitung zu verschiedenen Techniken, Stuttgart 1990

Wenzelburger, Bärbel Porzellan bemalen. In »Water-based«-Technik, Ravensburg 1993

Uwe Geißler

Der Autor Uwe Geißler unterhält in Köln in der Lintgasse 10 unweit vom Alten Markt sein Porzellanatelier und gibt Porzellanmalkurse. Für Fachauskünfte und Problemfragen ist er in 51503 Rösrath, Hauptstraße 76, Tel. + Fax 0 22 05/31 08, zu erreichen.

CALLWEY

Die Bücher.

Kunst auf weißem Gold

Alfred Ziffer
Porzellan
Die schönsten Motive und Dekore aus berühmten Manufakturen
192 Seiten, 160 farbige und 172 sw. Abbildungen.
Gebunden mit Schutzumschlag.

„Mit brillanten Abbildungen entführt dieser Prachtband den Betrachter und Leser in die sinnenfrohe Farbenwelt erlesener Porzellane aus den berühmten Manufakturen wie Meissen, Hoechst, Nymphenburg und anderen." *Bayerischer Rundfunk*

Uwe Geißler
Porzellan bemalen auf Meißner Art
Vorlagen für Fortgeschrittene
2. Auflage. 124 Seiten, 102 farbige und 62 sw. Abbildungen. Broschiert.

Uwe Geißler
Porzellan bemalen
Anleitung – Beispiele – Dekore
3. Auflage. 132 Seiten, 61 farbige und 60 sw. Abbildungen.
Broschiert.

„Wenn auch für Anfänger und Fortgeschrittene konzipiert, ist dieses Buch anspruchsvoller als zahlreiche, schnellebige Hobby- und Bastelanleitungen. Denn der reichhaltige Erfahrungsschatz eines Kenners der Materie hat seine kreativen Spuren hinterlassen." *Porzellan + Glas*

Jane Brandehof / Uwe Geißler
Porzellan bemalen heute
Neue Beispiele und Techniken
132 Seiten, 61 farbige und 65 sw. Abbildungen.
Broschiert.

Callwey Verlag München